"科学就在你身边"系列

寻找解码生命的密钥

——谈进化的未解之谜

总 主 编　杨广军

副总主编　朱焯炜　章振华　张兴娟

　　　　　胡　俊　黄晓春　徐永存

本册主编　冯尚欣　曹大苏

U0395851

上海科学普及出版社

图书在版编目（CIP）数据

寻找解码生命的密钥：谈进化的未解之谜 / 杨广军
主编. -- 上海：上海科学普及出版社, 2014
（科学就在你身边）
ISBN 978-7-5427-5703-6

Ⅰ.①寻… Ⅱ.①杨… Ⅲ.①进化-普及读物 Ⅳ.
①Q11-49

中国版本图书馆 CIP 数据核字(2013)第 047293 号

组　　稿	胡名正　徐丽萍
责任编辑	徐丽萍
统　　筹	刘湘雯

"科学就在你身边"系列
寻找解码生命的密钥
——谈进化的未解之谜
总主编　杨广军
副总主编　朱焯炜　章振华　张兴娟
胡　俊　黄晓春　徐永存
本册主编　冯尚欣　曹大苏
上海科学普及出版社出版发行
（上海中山北路 832 号　邮政编码 200070）
http://www.pspsh.com

各地新华书店经销　北京昌平新兴胶印厂
开本 787×1092　1/16　印张 15　字数 230 000
2014 年 1 月第 1 版　　2014 年 1 月第 1 次印刷

ISBN 978-7-5427-5703-6　　定价：29.80 元

卷 首 语

　　为什么人类在地球的所有生物中是独一无二的？关于地球上的各种生物，也包括我们自己如何进化的问题，仍存在很多谜团——生物进化的第一步是什么？为什么人类朝着这个方向而不是其他方向进化？为什么我们是仅存的人类种群？各种生物在进化中如果沿着其他的进化方向会出现怎样的结果？今后人类将何去何从？

　　人类为了了解自身进化的历史、未来的发展方向及发展可能在不断探索，关于生物的进化有许多问题让我们不断思索，也不断地引起我们越来越浓厚的兴趣。让我们一起沿着生命发展的足迹，寻找解码生命的密钥，一起探索进化的未解之谜吧……

目　录

百家争鸣——进化大辩论

奠基之石——再解生物进化 …………………………………（3）
真理还是假说——达尔文进化论错了吗? …………………（8）
碰撞出火花——宇宙之星地球的诞生 ……………………（15）
穿梭时光机——谁见证生物的进化史 ……………………（21）
还本来面目——世界文明的进化 …………………………（26）
谁是主宰者——世界宗教信仰的进化 ……………………（30）
科技之窗——模拟进化 ……………………………………（35）
进化百态大搜索——真假进化 ……………………………（39）

追根溯源——人类进化之谜

真假源地——现代人类来自外星球吗? …………………（47）
有缘无缘——气候变化与人类起源 ………………………（52）
遗传的秘密花园——尼安德特人之谜 ……………………（56）
神秘使者——哈比特人种群之谜 …………………………（61）
进退两难——人类是在进化还是退化 ……………………（67）

谈进化的未解之谜

谈远亲近邻——人类祖先和恐龙共存之谜 ················ (73)

包公变身——进化中的肤色之谜 ·················· (77)

争霸天下——白头叶猴繁殖进化之谜 ················ (83)

跳动世界——恒温的进化之谜 ···················· (89)

一"通"天下——鼻孔的进化之谜 ················· (94)

管中窥豹——眉毛的进化之谜 ···················· (98)

见证奇迹——动植物进化的未解之谜

通讯工具——神秘的动物语言进化之谜 ··············· (105)

与时间同行——树的年轮之谜 ···················· (111)

骇人听闻——世界最毒动物 ······················ (115)

默默无闻——根的趣谈 ·························· (120)

植物食肉——食肉植物进化之谜 ··················· (124)

七彩年华——解密变色龙的变色之谜 ················ (128)

应有尽有——最为奇特的蜘蛛之谜 ················· (134)

弃之为何——动物自杀之谜 ······················ (138)

生命为谁美丽——兰花进化之谜 ··················· (144)

天下奇观——进化中产生的奇异现象

小头爸爸大头儿子——为什么我们的脑袋越来越大？ ········ (151)

毛发回忆录——我们身上的毛发发生了哪些改变？ ········ (156)

二足鼎立——为什么人类用两足行走？ ·············· (162)

情愫之谜——人为什么会脸红？ ··················· (167)

追溯来路——返祖现象 ························· (173)

怪兽情缘——半人半猿 ························· (178)

耳闻目击——长耳人从哪来 ····················· (183)

谈
进
化
的
未
解
之
谜

华丽揭幕——恐龙灭绝之谜 ……………………………………（187）

一叶知秋——进化的未来遐想

与时间赛跑——人类的进化是否在加速？ ……………………（195）

希望之神——人体有望再生出器官 …………………………（200）

奇思妙想——人类未来进化结果的猜想 ……………………（205）

谁与争锋——后人类时代地球霸主 …………………………（211）

黑色末日——地球生命大灭绝 ………………………………（216）

妙趣横生——人类利用自然资源之奥秘 ……………………（223）

小小瞭望台——亿万年后的生物 ……………………………（227）

谈进化的未解之谜

百家争鸣

——进化大辩论

　　浩瀚宇宙之中，至今为止人们只发现地球上有这么多种类的生物产生，是什么让这些生物得以生存与生长？达尔文认为它们是通过自然选择不断进化而形成的。那它们真的是进化而来的吗？又是由什么进化而来的？又是如何进化的？随着科技的不断发展与完善，这些秘密已逐渐清晰，让我们一起来揭开这层层"面纱"下的真相吧！

奠基之石
——再解生物进化

一提到进化，你会想到什么呢？也许大多数人想到的都是生物的进化。"进化"一词的含义仅此而已吗？到底什么才是进化呢？

我们身边发生了很多变化，你想过这些现象中哪些是因为进化而产生的吗？有关进化又有过哪些争议呢？让我们一起来进入进化的探索之路吧。

假设有一天突然有人问你："什么是进化?"你会怎么回答？要判断是不是进化现

◆人类进化

象，只有先知道什么叫进化。那么，生物在进化还是在演化？进化和演化是指同一种现象吗？它们有什么区别吗？

进化与演化

英文中的"evolution"一词，起源于拉丁文的"evolvere"，原本的意思是将一个卷在一起的东西打开，也可以指任何事物的生长、变化或发展，包括恒星的演变、化学的演变、文化的演变或者观念的演变。

自19世纪以后，"演化"一词开始广泛用在生物学上，指不同世代之间外表特征与基因频率的改变。但是，达尔文并未对"evolution"下过定义。"evolution"这个词在当时生物学上的意义，指的是胚胎发育的过程，并且在当时的一般用语中具有"进步"的含义，而达尔文反对将"进步"之类的词语来描述生物改变的过程。他曾在《物种起源》第7章中说："天择的最后结果，包括了生物体的进步及退步两种现象。"而后来包括达尔

谈进化的未解之谜

文在内，之所以改用 evolution 来描述生物演化现象，是经由英国哲学家赫伯特·史宾赛在许多著作里进行的名词统一。

小知识

基因频率：指某种特定基因型的个体占群体内全部个体的比例。

知识链接

严复是最早反对使用"进化"的人之一。后人在《天演论》书尾的名词表中写道："evolution 一词，严氏译为天演，近人撰述多以进化二字当之。赫胥黎于本书导言中实尝有一节，立 evolution 之界说；谓为初指进化而言，继则兼包退化之义。严氏于此节略而未译，然其用天演两字，固守赫氏之说也。"

也就是说，严复主张以"天演"取代"进化"。

目前中文对于如何翻译"evolution"仍有争议。支持使用"演化"的学者认为，演化在字面上的意义比较中性，能表达连续与随机的意义；"进化"则带有"进步"的含义。而且由于汉语中"进"与"退"是代表相反意义的两个字，因此若使用"进化"，则在逻辑上不易将"退化"定义为"进化"的一种类型。

对翻译的争论也表现了人们对进化论理解的变化，过去"进化"多表示生物朝适应环境的方向演化，而当前很多人认为生物的演化是随机的，并没有进步退步之分。

但有的辞典这样解释"进化"定义为生物由低级到高级、由简单到复杂的发展过程，并将"退化"定义为进化的反义词。而"演化"则定义为生物物种为了因应时空的嬗变，在形

谈进化的未解之谜

◆严复

态和行为上与远祖有所差异的现象。因此现在大多数人一般使用"进化"来描述生物的演变过程。

进化的发现史

在达尔文提出进化论之前，中世纪的西方，基督教圣经把世界万物描写成上帝的特殊创造物，后来人们把这种理论叫做"特创论"。与特创论相伴随的"目的论"则认为：自然界的安排是有目的性的，例如"猫被创造出来是为了吃老鼠，老鼠被创造出来是为了给猫吃，而整个自然界创造出来是为了证明造物主的智慧"，他们认为世界万物被创造出来都有其用途。

15世纪后半叶到18世纪，近代自然科学开始形成和发展。那时期，"不变论"的观点统治着科学界。这种观点被牛顿和林奈表达为科学的一条规律，即地球由于第一推动力而运转起来，以后就永远不变地运动下去。生物物种原来是这样，现在和将来也是这样，一直不会发生改变。

到了18世纪下半叶，康德的"天体论"首先在"不变论"上打开了第一个缺口。随后，"转变论"就在自然科学各领域中逐渐形成。这个时期的一些生物学家，往往在两种思想观点中徬徨。例

◆林奈和牛顿

如，林奈晚年在他的《自然系统》一书中删去了关于物种不变的语句。法国生物学家布丰虽然把转变论带进了生物学，但他一生都在"转变论"和"不变论"之间徘徊。拉马克在1809年出版的《动物哲学》一书中详细阐述了他的生物转变论观点，并且始终没有动摇。

名人介绍：德国哲学家——康德

◆康德

伊曼努尔·康德生于 1724 年 4 月 22 日，1740 年入哥尼斯贝格大学。1755 年完成大学学业，取得编外讲师资格，任讲师 15 年。在此期间，康德作为教师和著作家声望日隆。除讲授物理学和数学外，他还讲授逻辑学、形而上学、道德哲学、火器和筑城学、自然地理等。1793 年被指控为滥用哲学，歪曲并蔑视基督教的基本教义，于是政府要求康德不得在讲课和著述中再谈论宗教问题。但 1797 年国王死后，康德又在最后一篇重要论文《学院之争》中重新论及这一问题。《从自然科学最高原理到物理学的过渡》本来可能成为康德哲学的重要补充，但此书未能完成。1804 年 2 月 12 日，康德病逝。

"有两种东西，我对它们的思考越是深沉和持久，它们在我心灵中唤起的惊奇和敬畏就会日新月异，不断增长，这就是我头上的星空和心中的道德定律。"此番话出自康德的《实践理性批判》最后一章，刻在康德的墓碑上。

死后的康德很快就从哲学的影子变成了人类思想天空里的一颗巨星，当代德国著名哲学家、现代存在主义哲学奠基人卡尔·雅斯贝斯将康德与柏拉图、奥古斯汀并列称为三大"永不休止的哲学奠基人"。

◆伊曼努尔·康德的墓碑

18 世纪末到 19 世纪后期，大多数动植物学家都没有认真地研究过生物进化，而且偏离了古希腊唯物主义传统，陷入了唯心主义。"活力论"虽然承认生物种可以转变，但把进化的原因归于非物质的内在力量，认为是生物的"内部的力量"驱动着生物的进化，使之越来越复杂完善。活力论缺乏实际的证据，是一种唯心的臆测。最有名的活力论者就是法国生物学家拉马克。后人把拉马克对生物进化的看法称为拉马克学说或拉马

◆拉马克　　　　　　　　　◆达尔文开创了演化论

克主义。拉马克的主要观点有：

（1）物种是可变的，物种是由变异的个体组成的群体。

（2）自然界的生物中存在着由简单到复杂的一系列等级，生物本身存在着一种内在的"意志力量"，驱动着生物由低的等级向较高的等级发展变化。

（3）生物对环境有巨大的适应能力；环境的变化会引起生物性状的变化，生物会由此改进其适应；环境的多样化是生物多样化的根本原因。

（4）环境的改变会引起动物习性的改变，习性的改变会使某些器官经常使用而得到发展，另一些器官不使用而退化。

 你知道吗？

> 所谓性状是指基因的表现，这些基因在繁殖过程中，会经复制并传递到子代。而基因的突变可使性状改变，这样就造成了个体之间的遗传变异，新性状会随着基因在族群中传递。当这些遗传变异受到影响，而在族群中变得较为普遍或稀有时，就表示发生了演化。

谈进化的未解之谜

真理还是假说——达尔文进化论错了吗？

谈进化的未解之谜

◆达尔文

2009 年 2 月 12 日是达尔文诞辰 200 周年纪念日，2009 年又是著名的《物种起源》诞生 150 周年。众所周知，达尔文是伟大的科学家，他的进化论，为人类科学事业的发展开辟了新的广阔前景。

达尔文的进化理论是现代对演化机制的主要诠释，并且成为现代演化思想的基础，它在科学上可对生物多样性进行一致并且合理的解释，因而成为了现今生物学的基石。但随着科技的发展，越来越多的新发现对达尔文的进化论提出了质疑，难道达尔文真的错了吗？让我们一起来看一看，想一想吧。

从神创论、物种不变论到达尔文的进化论，人类对于物种的起源在不断的探索之中。达尔文的进化论发展至今百余年来，一直被大多数人认可。但随着科技的长足的发展，人们有了越来越多的新发现，客观事实使人们对进化论提出质疑。

进化论的证据

虽然达尔文并不是第一个提出"进化"这个概念的人，但是在他以前的进化论，只不过被人视为类似催眠术的伪科学。达尔文的贡献在于，他为进化的信念提供了理论基础，而且指出进化的动力在于生存竞争所产生的自然选择。在他提出进化论之后，不断有一些新的实验证据来支持自然进化论。比如：

万花筒

　　1986年，道格拉斯弗图玛出版了《进化的生物学》，该书被看作是用自然选择来解释进化理论最明白的表述之一。他举的相关例子中最著名的一个是飞蛾种群的颜色在英国工业革命时期变黑这一现象。

　　1. 飞蛾工业黑化现象：19世纪初期，尺蠖蛾的翅呈浅色（只有很少是黑色的），它们栖息在桦树干上。浅色的翅膀和桦树皮的颜色很接近，使捕食它们的鸟类不容易发现它们。但是到了1850年左右，工业开始发展，工厂的烟使树干变黑了，这样，浅颜色翅膀的尺蠖蛾很容易被发现，首先就被吃掉，不久只剩下黑色的尺蠖蛾。现在由于污染被治理，情况又向相反的方向转变，因为白桦树干的颜色又变成了白色，于是浅色翅膀的尺蠖蛾又开始多了。

　　2. 食物结构的改变和鸟类的生存能力及嘴部形状的变化：1977年Galapagos群岛发生干旱，原来鸟类喜食的一种小种子减少，这些鸟类不得不改吃一种大种子，其结果是，许多鸟类死亡，而生存下来的鸟类嘴部较大。

　　总结达尔文的《物种起源》，有三个重要的观点。首先，"生物种并非

◆大嘴鸟的进化

谈进化的未解之谜

◆胡氏贵州龙

谈进化的未解之谜

"永久不变"，即在地球漫长的历史中，的确有新的生物种出现，而且这些生物是由一种自然的方法，他称为"后代渐变"。第二，利用这进化过程的学说可以推广解释地球上所有不同生物（或几乎所有生物）的来源。因为所有的生物都是从极少数，甚至由一种微生物类的祖先而来。第三，是达尔文主义最突出的一点，即这庞大的进化过程是由一种自然界的选择或者叫"适者生存"的动力所引导。而这动力在生物界功效神奇、威力之大，而以前人类认为只有创造者亲手引导才能完成的。

化石质疑进化论

◆蝾螈化石

随着科技的发展，人类不懈的探索让我们又有了新的发现，这些新的发现却对伟大的达尔文的进化论提出了质疑。

近年来在中国发现的一些化石，给进化论发出了巨大的挑战。进化论的理论认为，最早的脊椎动物代表是鱼类。鱼类进化为两栖类，两栖类进化为爬虫类，爬虫类进化为鸟类、哺乳类，以至今天的人类。按照这个进化顺序，地球上应先出现两栖类，然后才会出现爬虫类。可是事实是不是像进化论者所说的那样呢？

20世纪50年代，中国地质部地质博物馆的地质学家胡承志先生在贵州兴义一带调查地质，采集到几块动物化石，带回北京请古生物专家杨钟建教授鉴定。杨教授认为，这是早期的爬虫类，并把它们定名为胡氏贵州龙，其生活在距今约2.4亿年前的早三叠纪，是迄今已知最古老的爬虫类化石。1999年3月17日《人民日报》海外版报道，中国古生物家在辽宁省北票市发现亚洲最古老的蛙类化石，取名"三燕丽蟾"，生活在中生代的早白垩纪，距今约1.2亿年（目前世界上已发现的最古老的蛙类化石距今不超过1.6亿年）。

另据最新报道，中国科学家在北京以北400千米处发现蝾螈化石，距今约1.5亿年，化石保存很好，甚至连一些内脏都清晰可见。

据研究人员说，现代蝾螈的头骨及腕骨的细节跟化石里蝾螈身体组织一模一样，说明1.5亿年来，它并未像进化论者所说发生进化。这个蝾螈化石，比其他地区发现的类似蝾螈的化石早0.85亿年，也就是说，这是目前发现的最古的蝾螈化石，比贵州龙——爬虫类要晚9000万年。若按进化论的理论，爬虫类是由两栖类进化来的，蛙类和蝾螈都是两栖类的代表，也就是说，它应该出现在爬虫类之前，而不应出现在爬虫类之后。但是在中国发现的化石事实却和进化论的理论相反。在2.4亿年前的早三叠纪就出现了爬虫类——贵州龙，直到1.2亿年后的白垩纪，才出现两栖类——三燕丽蟾，9000万年后才出现蝾螈，也就是爬虫类出现在前，两栖类出现在后，两栖类比爬虫类晚出现9000万年到1.2亿年，那么爬虫类怎么会是由两栖类进化来的呢？

除了这个发现对达尔文的经典进化论提出了挑战之外，澄江化石群等的发现也对达尔文的经典进化论的观点提出了质疑。

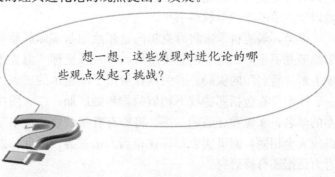
想一想，这些发现对进化论的哪些观点发起了挑战？

谈进化的未解之谜

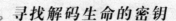

动手做一做

去网上了解，还有哪些最近发现的化石或者其他证据能质疑进化论？

1. 去搜索网站，搜索："质疑进化论"，这个时候你将会发现许多关于质疑进化论的网站链接，随便点一个开始了解吧。

2. 查一查澄江化石群的发现到底对进化论的哪个观点发起了挑战？下一节将揭晓。

3. 将你学到的东西尽量记下来吧，今后很可能会用到的。

"进化论"若干论据分析

谈进化的未解之谜

进化论之所以为大多数人所接受，是因为支持进化论的论据很多都似乎找不出破绽，但是如今，随着人们的探索，我们可以发现有的论据有待分析。

（一）胚胎重演论

大多数高中生物学课本中都有一张胚胎发育图，显示鱼、蝾螈、乌龟、鸡、猪、牛、兔、人等动物在胚胎发育不同阶段的侧面图，它的作者是19世纪德国的生物学教授海克尔。这张图得出的结论是：虽然这些动物成年后形态各不相同，但是因为它们是由共同的祖先进化而来，所以在胚胎发育过程中都有一个形态相似的阶段，这就是"胚胎重演论"。这个理论强有力地支持了进化论，并且作为进化论的一个主要证据，出现在大多数国家高中的生物学教科书里。

但是，最近科学家将海克尔的这张绘图与实际胚胎相比后，发现有许多细节并不正确。这一消息传出后，有人甚至称"海克尔的胚胎"是生物学上最"著名"的骗局。有关调查指出了海克尔的三点"不精确和疏忽"：一、图中没有包括那些较不相似的物种的胚胎；二、图中没有注明所用标本的学名、来源和胚胎期；三、将所有脊椎动物的最早期胚胎的鳃弓区域画成完全相同，而事实上却存在相当大的差异。因此，这项支持进化论的有力证据还有待研究。

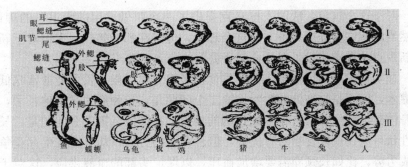

耳
眼
鳃缝
肌节
尾
鳃缝
鳍
外鳃
肢
肢
外鳃
鱼　蝾螈　乌龟　板　鸡　　猪　牛　兔　人
龟

◆胚胎重演（海克尔）

（二）用进废退

在进化论研究的历史上，长颈鹿长颈形成的原因曾经是人们争论的焦点。

知识链接——"用进废退"理论

根据化石证据，相对现代的长颈鹿首先出现在 100 万年前的非洲草原，它的祖先是生活在 2000 万～3000 万年前的一种矮鹿。由于环境的改变，它们赖以生存的地上的草和矮小的灌木丛减少，这些矮鹿不得不伸长颈部，吃高处的树叶，它们的颈部得到锻炼，颈部比较长的鹿在生存竞争中占据优势，而且这个后天获得的生物性状遗传给了子代动物，经过千万年漫长而缓慢的变化，矮鹿就进化成了今天的长颈鹿。

长颈鹿的进化示意图

第一代　　　　第二代　　　　第三代

谈进化的未解之谜

对于这个现象，法国人拉马克提出了一个叫做"用进废退"的理论。虽然当时有许多证据并不支持这个理论，但是在那个年代，人们对于新思想新观点的渴求淹没了对待科学所需要的严谨思维。

最明显的反面证据是，在旱季食物最缺乏的时候，长颈鹿通常吃低矮的灌木，而不是吃高处的树叶。第二个问题是，长颈鹿的颈部伸长了，但是身体其他部位并没有相应成比例的伸长，比如腿。第三个问题是，长颈的性状可能在获取食物时有优势，但是在别的方面，却可能在生存竞争中形成劣势，比如长颈鹿需要增加血压，以保证头部的血液供应，这对于心脏的功能要求增加；长颈可能造成运动不便，使得长颈鹿容易成为凶猛的肉食动物的猎物；长颈可能造成饮水不便，影响长颈鹿在干旱季节的生存。所以，现在的进化生物学已经不再讲这个理论了。尽管如此，当年这个理论启发并帮助了达尔文。

"物竞天择，适者生存"是达尔文进化论的中心。然而，经过环境选择作用的适者并没有真正的进化。我们在自然界所观察到的，乃是生物对所处的环境具有高度的适应性。自然淘汰的结果，不过是保存了生物的适应性而已。

达尔文"适者生存"的理论，在一定范围内解释生物对环境的改变所发生的变化。然而，他把"生物的适应"与"进化"联在一起，把种内有限的变异，无限推广到跨种间生物的变异，由此提出的"广进化论"或"自然进化论"则是没有任何事实根据的假说。

在科学上，假说经过大量事实证明之后方能上升为科学理论。在大量事实中，若有任何一项事实与假说推论的结果不符，则假说就不成立。"广进化论"或"自然进化论"是一个假说，而这一假说则是不能用科学实验来加以证明的。

碰撞出火花
——宇宙之星地球的诞生

地球是我们人类赖以生存的家园。在漫长的岁月中，人类在这个星球上繁衍生息，不断地用自己的双手建设着自己美好的家园。劳动之余，人们更希望了解自己居住的这片土地。尽管人类生活在地球上，可是在过去的很长时期里，人们对地球的认识却非常肤浅。数千年来，人类对自己生存的空间产生过各种遐想，编织成美丽的传说，我国古代就有著名的盘古开天辟地的神话。

◆美国登月飞船阿波罗拍摄的地球照片

当然，神话没有充分的科学根据，但这个神话人们对于地球的诞生充满了遐想。地球到底是怎样诞生的呢？就让我们一起去探索地球诞生的秘密吧……

人类进入了文明时代后，就一直在探索脚下的大地。大地有尽头吗？它是方的、平的、还是圆的？为什么日、月、星辰总是东升西落？为什么会有四季变化？这些现在看起来很简单的问题，是人类经历了数千年的努力才大致明白。自己生存在一个不大的，且极普通的行星之上。当人类跨入宇航时代并步入太空的时候，才真正有机会从地球以外来俯视我们居住的这颗星球的全貌。原来她是一颗蓝色的星球，其表面是蓝色的海洋与大陆蜿蜒交错，飘忽变幻的白云环绕其上，堪称宇宙间最美丽的天体。

那么，这个独一无二的天体到底是怎么诞生的呢？人类对于这个问题的探索又有怎样的历程呢？

谈进化的未解之谜

小故事——盘古开天

在还没有天和地以前，宇宙到处都是一片漆黑，像一个大鸡蛋。在这"鸡蛋"里有个叫盘古的人，他沉睡着，一天天地成长着。有一天，他醒来了，睁开眼一看，什么东西也看不见，就顺手抓起一把大板斧，用力劈去，只听到一声巨响，这个"鸡蛋"壳裂开了。这时，一些轻而清的东西慢慢散开上升，变成了天；另一些重而混的东西慢慢下沉，变成了地。盘古怕天和地再合拢起来，于是就用头顶着天，脚踩着地。以后天和地已经很牢固了，盘古终因疲劳过度而死去。在他临死之前，从他嘴里呼出的气变成了风和云，他的声音变成了轰隆隆的雷，左眼变成了太阳，右眼变成了月亮，血液变成了江河等等。

诞生秘密的发展史

谈进化的未解之谜

◆哥白尼复原相

关于地球的起源问题，已有相当长的探讨历史了。早在很远的古代，人们就开始了探讨包括地球在内的天地万物的形成问题。在探索的道路上，首先出现了关于天地万物起源的"创世说"，其中流传最广的要算是《圣经》中的上帝创世的说法。在人类发展的历史中，创世说曾在相当长的一段时期内占据了统治地位。

自1543年波兰天文学家哥白尼提出了日心说以后，天体演化的讨论产生了重大的转折，日心说突破了宗教神学的束缚，开始了对地球和太阳系起源问题的真正科学探讨。

名人介绍——哥白尼

哥白尼：于1473年2月19日出生于波兰，他最伟大的著作是《天体运行论》，阐述有关日心说的看法。在哥白尼时代，人们普遍信奉地心说。哥白尼大胆提出了日心说的观点，阐述了地球绕其轴心运转，月亮绕地球运转，地球和其他所有行星都绕太阳运转的事实。但他也和前人一样严重低估了太阳系的规模，认为星体运行的轨道是一系列的同心圆，这是错误的。哥白尼的学说是人类对宇宙认识的革命，《天体运行论》是现代天文学的起点，也是现代科学的起点。

接下来的几百年间，人们又提出了许多学说，这些学说基本倾向于笛卡尔的"一元论"，即太阳和行星由同一原始气体云凝缩而成；也有"二元论"观点，即认为行星物质是从太阳中分离出来的。

1755年，著名德国古典哲学创始人康德提出"星云假说"，这让人们对地球的起源又产生了一个新的认识。假说的主要内容是：宇宙中散布着微粒状的弥漫物质，称为原始物质。在万有引力作用下，较大的微粒吸引较小的微粒，并逐

◆康德－拉普拉斯星云说

渐聚集加速，结果在弥漫物质团的中心形成巨大的球体，即原始太阳。周围的微粒在向太阳这一引力中心垂直下落时，一部分因受到其他微粒的排斥而改变了方向，便斜着下落，从而绕太阳转动。最初，转动有不同的方向，后来有一个主导方向占了上风，便形成一扁平的旋转状星云。云状物质后又逐渐聚集成不同大小的团块，便形成行星。行星在引力和斥力共同作用下绕太阳旋转。康德关于太阳系是由宇宙中的微粒在万有引力作用下逐渐形成的基本观点是可取的。但康德假说解释不了太阳系的角动量来源。整个19世纪，这种学说在天文学中一直占有统治的地位。

到20世纪初，由于"康德－拉普拉斯学说"不能对太阳系的越来越多

谈进化的未解之谜

的观测事实作出令人满意的解释，致使"二元论"学说再度流行起来。

直到1979年，著名的中国天文学家戴文赛在"星云假说"的基础上提出了一种新的星云学说，他认为整个太阳系是由同一原始星云形成的。这个星云的主要成分是气体及少量固体尘埃。原始星云一开始就有自转，并同时因自引力而收缩，形成星云盘，中间部分演化为太阳，边缘部分形成星云并进一步吸积演化为行星。

广角镜

1796年，法国数学和天文学家拉普拉斯在他的《宇宙体系论》中独立地提出了另一种太阳系起源的星云假说。由于和康德的学说在基本论点上是一致的，所以后人称两者的学说为"康德—拉普拉斯学说"。

名人介绍：中国天文学家——戴文赛

◆戴文赛

戴文赛（1911—1979年），中国现代天文学家。福建省漳州人。早年留学英国剑桥大学，以《特殊恒星光谱的分光度研究》一组论文获博士学位。1941年回国，曾担任中央研究院天文研究所研究员、燕京大学教授。中华人民共和国成立后，先后任北京大学、南京大学教授。当选为中国天文学会第一、二、三届理事会副理事长。戴文赛是现代天体物理学、天文哲学和现代天文教育的开创者与奠基人之一，是中国天文事业的泰斗级人物。

在多年的教育工作中，他主持和编写过多种教材，指导青年教师的教学和科学研究工作，为培养中国天文人才作出了重大贡献。提出"宇观"概念和太阳系起源的新学说。发表过《星系的质量和角动量的分析》等多篇论文，编著《恒星天文学》一书。

谈进化的未解之谜

戴文赛晚年对太阳系起源问题作了较全面、系统的研究，提出了一种新星云说，他的《太阳系演化学》一书是有关这一问题的总结性著作。

在天文学研究的后期，他侧重于天体演化的研究，《天体的演化》一书就是这方面研究的普及读物，被列为科学家推介的 20 世纪科普佳作之一，是老一辈科学家留下的优秀科普作品。

总体来看，关于太阳系的起源的学说已有 40 多种。20 世纪初期迅速流行起来的灾变说，是对"康德—拉普拉斯星云说"的挑战；20 世纪中期兴起的新的星云说，是在"康德—拉普拉斯星云说"基础上建立起来的更加完善的解释太阳系起源的学说。人们对地球和太阳系起源的认识也是在这种曲折的发展过程中得以深化的。

至今为止，我们也许可以对形成原始地球的物质和方式给出如下可能的结论：形成原始地球的物质主要是上述星云盘的原始物质。在地球的形成过程中，由于物质的分化作用，不断有轻物质随氢和氦等挥发性物质分离出来，并被太阳光压和太阳抛出的物质带到太阳系的外部。因此，只有重物质或土物质凝聚起来逐渐形成了原始的地球，并演化为今天的地球。水星、金星和火星与地球一样，由于距离太阳较近，可能有类似的形成方式，它们保留了较多的重物质，而木星、土星等外行星，由于离太阳较远，至今还保留着较多的轻物质。

链接

关于形成原始地球的方式，尽管还存在很大的推测性，但大部分研究者的看法与戴文赛先生的结论一致，即在上述星云盘形成之后，由于引力的作用和引力的不稳定性，星云盘内的物质，包括尘埃层，因碰撞吸积，形成许多原小行星或称为星子，又经过逐渐演化，聚成行星，地球也就在其中诞生了。根据估计，地球的形成所需时间约为 1 千万年至 1 亿年，离太阳较近的行星，形成时间较短，离太阳越远的行星，形成时间越长，甚至可达数亿年。

至于原始的地球到底是高温的还是低温的，科学家们也有不同的说法。从古老的地球起源学说出发，大多数人曾相信地球起初是一个熔融

谈进化的未解之谜

体，经过几十亿年的地质演化历程，至今地球仍保持着它的热量。现代研究的结果比较倾向地球低温起源的学说。地球的早期状态究竟是高温的还是低温的，目前还存在着争论。然而无论是高温起源说还是低温起源说，地球总体上经历了一个由热变冷的阶段，由于地球内部又含有热源，因此这种变冷过程是极其缓慢的，直到今天地球仍处于继续变冷的过程中。

谈进化的未解之谜

穿梭时光机
——谁见证生物的进化史

地球的诞生，已有45亿～46亿年，但我们今天仅仅对它近6亿年来的这段历史了解得比较清楚。探索地球历史上发生的事情，主要是靠当时形成的岩层和所含的古生物的化石。如果把岩层比作可以记载过去的一本书，那么化石就是这本书上面特殊的文字。

这本特殊的书，这些特殊的文字，到底记载了怎样的秘密呢？透过化石，又引发了科学家们怎样的思索呢？让我们一起走进科学家们的秘密实验室吧……

生物进化树

谈进化的未解之谜

生物进化的道路是曲折的，一路上可能表现出种种特殊的复杂情况，那么是谁见证了生物的进化？

进化的见证者

化石是存留在岩石里的古生物遗体或遗迹，最常见的是骸骨和贝壳等。研究化石可以了解生物的演化并能帮助确定地层的年代。保存在地壳的岩石中的古动物或古植物的遗体或表明有遗体存在的证据都称之为

◆鱼化石

◆三叶虫化石

谈进化的未解之谜

化石。

根据化石，我们可以知道古代生物生存的状况。地球上的生物虽然早在30多亿年前就已出现，但长期停滞在很低级的阶段，主要是些低等的菌藻植物。它们留下的化石，说明的情况不多，而且保存这些化石的岩层，又大多经过程度不同的变质，这就使地球这段早期历史更加不易了解。

但是到了距今约6亿年前，较高级的生物大量出现了，并有大量未经变质的沉积岩层和动物化石保留下来，从而提供了许多比较可靠的材料。所以，现在关于地球的6亿年以来的这一段历史，阐述得比较详细和可信。

这和对人类历史的阐述有相似之处。无文字记载以前，人类历史是比较模糊和简略的，而有文字记载以后，人类历史才变得清楚和翔实。总之，无论地球历史还是人类历史，距今越远越模糊、简略，距今越近越清楚、详实。

从化石可以知道过去了很久

虽然这段时间约40亿年，但由于材料不足，未能划分出关细历史发展阶段，一般只再分为太古代和元古代，而它们之间还无确定的界限，因此这段时间统称为前古生代。

的生物生存状况。例如，6亿年前，地球上的生物从以低等植物为主演变为有壳的无脊椎动物占优势时，生物继续从低级向高级演化，无脊椎动物让位给脊椎动物；脊椎动物中又不断有新的"强者"出现，从鱼类、两栖类、爬行类、哺乳类到我们人类，此衰彼兴，依次扮演着地球上的主角。这些都是人类通过化石判断出来的。

古生代的早期，我国的北方和南方，都有很广阔为海水淹没的地区。在海里，藻类仍在大量繁殖，但此时，比它高级得多的生物已大量出现了，一种被称为三叶虫的动物统治了全世界的海洋。这时陆地上仍没有任何生物。

三叶虫是节肢动物的一种，全身分为头、胸、尾三节，又有一条凸起的中轴贯穿在头尾之间，横看竖看都可分出三个部分，在它的身上长有甲壳，起保护作用。三叶虫一般长约数厘米，这在当时是个儿大的动物，它们大多栖息在海底，也有少数钻到泥沙中居住或在水里漂游。这些信息的获得都跟化石的发现有着不可分割的联系，化石就是历史的见证者。

化石新发现

科学家们为了揭开古生物世界的神秘面纱不懈地努力，事实证明，科学技术的发展和他们的坚持，让一个个真相慢慢展现在大众面前。

一个被称为是"20世纪最惊人的发现之一"的科研成果，解决了"地球上的生命何时大量出现"的问题。我国科学家"20年磨一剑"，通过对澄江动物群化石的发现和研究，在世界上首次揭示了"寒武纪大爆发"的整体轮廓，证实几乎所有的动物祖先都曾经站在同一起跑线上。

◆帽天山虫

这项成果是"对达尔文进化论的重要发展"。这项名为"澄江动物群与寒武纪大爆发"的科研项目获得2003年度国家自然科学奖一等奖，新中国成立以来也仅有28项成果获此殊荣。国家自然科学奖评审委员会这样评价此成果：澄江动物群是20世纪

◆澄江动物群化石

谈
进
化
的
未
解
之
谜

◆微网虫

◆奇虾

古生物学的伟大发现，为生物早期及其在寒武纪早期的"大爆发"问题提供了新的回答，对一些现存生物门类的早期演化进行了系统研究，是对达尔文进化论的重要发展，科学价值重大，在世界范围内影响深远。

100多年来，更多的科学家继达尔文之后仍在进行着对生物进化现象的研究，随着新的考古证据的不断发现，达尔文的经典进化论也不断面临着挑战。澄江化石群是我们现在所看到的绝大多数无脊椎动物祖先的化石，它们生活的时代为5.3亿年前的寒武纪。在当时不到300万年的时间里，它们一下子大规模爆发式地出现了——对于35亿年的地球生命史来说，这几百万年的时间不过是短短的一瞬，然而这表明，生命从单细胞的生命向多细胞生命的演变是一个十分突然的过程，而并不像达尔文认为的那样，是缓慢的渐进的过程，因此，澄江生物群化石对达尔文的经典生物进化学说提出了挑战。

澄江化石群的发现是一个具有重大科学价值、震惊世界的发现。其除了在动物生存方面有重大突破，在植物方面，透过化石，也有惊人的发现。

　　生物在不断进化中，化石在见证着，我们在不断努力着，成果见证着，科学需要我们去发现，去坚持，做个小小侦探者，去发现，去探索吧！

◆史前植物

谈进化的未解之谜

还本来面目
——世界文明的进化

◆世界文明墙

谈进化的未解之谜

如同人的一生，文明也存在着生老病死。它的进化不是直线式的，而是经历着一个曲折的轨迹。换言之，社会文明的进化有兴衰变化，文明的中心是可以发生转移的。最初的文明中心转移影响了科学发展，科学发展又直接导致了世界文明中心的转移，这经历了一个非常漫长的过程。

20世纪末期，"文明"问题研究受到国内外学者的格外关注。那么，世界文明在曲折漫长的发展过程中，有哪些真相等着我们去揭示呢？还等什么，一起来看看吧……

从古代文明到现代文明，文明的发展历程经历了漫长的过程，其中，古代文明充满了神秘色彩，四大古国的古埃及、古代中国、巴比伦、古印度是古代文明的发源地。透过它们，我们来看看古代文明吧。

神秘埃及

很久以来，神秘的埃及就以众多的人造奇观而闻名于世。有人说，在埃及，"只要你把铲子插入地下，就一定能有所收获"。这个国家的巨大地下宝藏一直吸引着无数探险者。

一提到埃及，人们肯定会想到木乃伊，古代法老们试图让灵魂复活而创造了木乃伊。那么，穿越时空保存完整的木乃伊是如何制作的呢？这一直是现代人想要揭开的一个谜。

◆科学家们正在研究一具有着3500年历史的木乃伊

小资料——木乃伊起源

　　古埃及人非常看重身体，这从他们的墓葬特别是制作木乃伊的习俗中能清楚地看到。制作木乃伊的灵感来源于远古时期盛行的图腾崇拜，以及死后化神的想法。据学者的考察，在早期的历史上，埃及人就已经开始为他们的子孙后代保留自己的遗体了。最初是将遗体埋葬在沙漠里，因为滚烫的沙子有脱水作用。后来一些达官富人开始实行防腐土葬，从此，埋葬尸体的方式越来越复杂。

　　制作木乃伊的技术在二十一王朝时达到顶峰，其中某些技术至今还未能让今人企及。制作者将那些会迅速腐烂的器官如肝、肠、肺等取出来，把它们单独加工后放入罐中，叫"蓬罐"。心脏

◆金字塔内的一尊动物木乃伊

谈进化的未解之谜

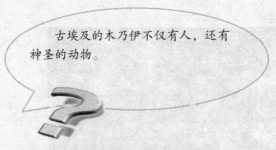

古埃及的木乃伊不仅有人，还有神圣的动物。

要留在尸体内，因为它被看作是智慧之源。

对遗体进行防腐处理的方法有许多种，在新王国前时期所使用的方法最为复杂，效果也最好。要防止人体的内脏不腐烂很不容易，所以人们就把这些器官从遗体里取出来，用食盐把里面的水分吸干，再用石油或者液态的松香浸过，然后用一种名叫卡诺匹克的罐子一样的容器保存起来，随木乃伊一起葬入陵墓。清空了内脏器官后，他们开始用棕榈油涂遍遗体的全身，有时在缝合好遗体前再添进去一些沥青或者松香等防腐剂，然后把这具已经处理得很干净的遗体放在铺了一层泡碱、脱水盐等防腐剂的床上，再在遗体上放上更多的泡碱。40天后，等遗体的水分被完全排出以后，再用尼罗河水冲洗表面原料，最后用亚麻布包起来。

灵魂真的可以不死吗？木乃伊可以让法老们获得永生吗？也许只有法老们自己知道。

大漠明珠楼兰之谜

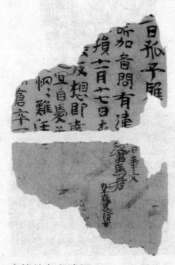

◆楼兰文书残纸

百年来，楼兰一直是中国乃至世界各地探险家、史学家、旅行家研究考察的热点。楼兰古国也是中亚文明中热点之一，它位于今天我国新疆巴音楞蒙古族自治州若羌县北境，是西域36国之一，在历史舞台上只活跃了四五百年，之后便在公元4世纪神秘消亡。那么，这座古城为什么会成为废墟呢？

楼兰王国最早的外国发现者是瑞典探险家斯文·赫定。1900年3月初，赫定探险队沿着干枯的孔雀河来到罗布荒原，在穿越一处沙漠时才发现他们的铁铲遗失在昨晚的宿营地中。赫定只得让他的助手回去寻找，助手很快找回铁铲，还拣回几件木雕残片。赫定见到这些残片异常激动，决定要在残片出现处进行挖掘这废墟。经过挖掘，发现了一座佛塔和三个殿堂以及一起延续到罗布泊西岸的一座被风沙掩埋的古城，这就是楼兰古城。

被挖掘的楼兰古城中的文物，其价值震惊世界。中外学者相信，楼兰是丝绸之路上繁盛一时的古楼兰国，那曾经是谁在楼兰这方神秘的土地上生息繁衍？又是谁的聪颖

◆楼兰古城遗址

才智创造了灿烂夺目的绿洲文明？有人认为是游牧人，有人认为是雅利安人。这些问题至今都没有一致的观点。

这个显赫一时的古代商城为何会在极短的时间内消失得无影无踪呢？这其中到底隐藏着什么呢？有学者认为是"太阳墓葬"为楼兰毁灭埋下了隐患，也有人认为是战争导致它一夜之间消失的。它的神秘激起了新的楼兰探险热潮，再次轰动了国际。

发现

曾在楼兰遗址发现保存完好的女尸（如图）。人类学家从基因学、器物学角度对古尸进行分析后认为，楼兰人更接近阿富汗人，这又是一个新的论点。

◆楼兰女尸

谈进化的未解之谜

谈进化的未解之谜

谁是主宰者
——世界宗教信仰的进化

◆米兰大教堂

一提到宗教，也许有多人很快会联想到迷信以及迷信带来的坏处，认为没必要谈它的发展。宗教到底要不要发展？该如何发展？这是个很难拿捏的问题。

宗教堪称是人类世界中最古老、最神秘、最不可思议的领域，迄今为止还没有一个人能够将宗教的秘密真正解开。

宗教信仰是一个难解之谜，有人认为，世界在20世纪是宗教的盛行期，但在21世纪，却是宗教的衰落期，由于科技的飞速发展，宗教已经很难说服更多的人群，因而无神论更常见于人们的观点中。

宗教的作用

如果一个生物学特征得以进化，我们会知道这个特征有什么用处，也就是说拥有这一特征会如何使该生物体更好地适应生存环境，更好地将其基因传给下一代。对于宗教而言，这一点并不总是那么明显。但是近年来，科学家们已经认识到，宗教中的一些重要因素确实能给人类带来好处。

现代社会学的创始人之一埃米尔·迪尔开姆也认为，宗教可以作为凝聚社会的某种粘合剂。随着科技的发展，关于宗教如何发挥作用，我们知道得更仔细了。宗教意识能触发大脑释放天然镇静剂——内啡肽。因此，信教者常常显得很开心。而且，内啡肽还可以加强人体免疫系统，这也许可以解释为什么信教者会更加健康。

当然，宗教并不是获得内啡肽的唯一方法，慢跑、游泳和健身等活动也可使人变得兴奋，但是宗教可提供更多的东西。例如，它可以使人们更富有团结感，尤其是，它会使人对团队的其他成员感觉良好。

上述说法虽然可以解释宗教所带来的立竿见影的好处，但它同时提出了一个问题：人们为什么需要宗教？这个问题至今还没有确定的答案，相信随着科技的进一步发展，其中的道理会逐渐清晰。

万花筒

内啡肽

内啡肽是一种控制身体疼痛的缓慢机制，当多种控制疼痛的神经系统同时达到其效果的巅峰时，内啡肽就会发挥作用。当出现中等程度的疼痛且这种疼痛持续不断时，内啡肽就会在体内现身，随后充满整个大脑，使大脑处于一种适度的"兴奋"状态。

世界宗教之谜

宗教堪称是人类世界中最古老、最神秘、最不可思议的领域，迄今为止，还没有一个人能够将宗教的秘密真正地解开。由于各种差异，各个地方宗教信仰也有较大的差异。基督教、伊斯兰教、佛教已经成为世界宗教中的三大宗教。

众所周知，耶稣被人钉在十字架上处死，然后有人把一柄长矛刺进他的胸膛以便确认他已死亡。他的尸体埋在一座坟墓里，据说是由

◆耶稣被钉在十字架上

一位经验丰富的百夫长守卫着。2天后，耶稣的尸体却不翼而飞。更为神秘的是，那里的人都说在他死后，还亲眼见过他并和他交谈过。开始，他们怀疑这只是一种梦境或幻觉，但在亲手触摸了他并和他一起进餐后，他

谈进化的未解之谜

们都相信耶稣已经复活了！

耶稣的复活不仅成了基督教的来源，而且成为迷惑历史学家近2000年的谜。

与耶稣复活同样具有神秘色彩的一个圣物——佛祖释迦牟尼舍利子。

小资料——舍利巡礼

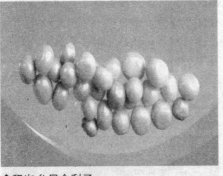

◆释迦牟尼舍利子

为确保释迦牟尼佛指舍利在运送、巡礼期间的万无一失，海峡两岸有关方面采取了极其周密的安全保卫措施。在为坛城（放置佛指舍利的鎏金铜塔，重63千克、高134厘米）安装了重达270千克的防弹、防火、防震玻璃罩的同时，两岸佛教界400多人，乘两架专机随机护送；到台湾后，从机场到供奉佛指的台湾大学体育馆，沿途10万信众恭迎，可谓万人空巷；安置佛指的舍利亭内装有红外线感应器和摄像头，可随时监控现场情况；与此同时，由大陆24名武僧、台湾120名金刚组成的护法团，与其他有关人员配合，组成4道屏障，24小时护卫。这一切，足见佛指舍利的珍贵和重要！

如此兴师动众、牵动人心的佛指舍利究竟为何物？

舍利是指佛祖释迦牟尼圆寂火化后留下的遗骨和珠状宝石样生成物。据传，2500年前释迦牟尼涅槃，弟子们在火化他的遗体后，从灰烬中得到了一块头顶骨、两块肩胛骨、四颗牙齿、一节中指指骨舍利和84000颗珠状真身舍利子。佛祖的这些遗留物被信众视为圣物，争相供奉。在历史烟云的变幻中，绝大多数舍利散失、湮没、毁坏。很幸运，1987年在法门寺的地宫中发现了许多唐代古物，其中有一佛指舍利，它成了世界上唯一仅存的佛指舍利。

谈进化的未解之谜

在上述几种舍利中，珠状舍利子的生成至今是个谜。这种舍利子并非虚无缥缈的传说之物，因为在现代修行的佛教人士当中，圆寂火化后，也曾有此现象产生，尽管个例罕见。某报曾报道：苏州灵岩山寺82岁的法因法师圆寂火化后，获五色舍利无数，晶莹琉璃一块，且牙齿不坏。尤为奇特的是，火化后其舌根依然完整无损，色呈铜金色，坚硬如铁，敲击之，其声如钟，清脆悦耳，稀世罕见。

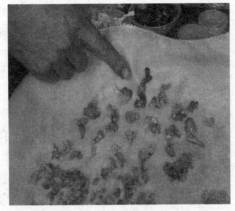

◆福建老尼圆寂火化后留下的舍利

遗体火化，不仅是个燃烧的过程，其实也是个熔炼的过程。上述珠状

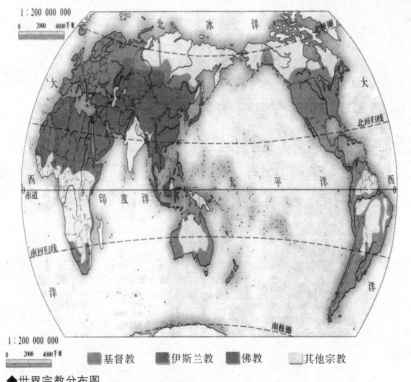

1:200 000 000

0 2000 4000千米

■基督教　■伊斯兰教　■佛教　□其他宗教

◆世界宗教分布图

談進化的未解之謎

舍利子是身体中的哪些成分熔铸而成的？我们普通人，死后火化时有些人是否也能生成些舍利子？有人分析，佛教界的一些修行之士之所以能够生成舍利子，与其长期素食和饮山泉水有关。菜蔬和山泉中富含各种矿物质，经几十年积累，人体各部含量很多，圆寂火化后便"炼制"出了舍利子。此说是否正确，有待进一步研究。

全球化时代的世界宗教

随着世界全球化的发展，不仅仅是经济全球化，更是文化的、宗教的全球化。在全球化进程中，世界上的宗教越来越多，新的教派、新的理论不断涌现，从而给世界形势带来了许多新的变化，值得人们密切关注。全球化背景下世界宗教的更趋复杂，同时促进着各国之间关系的发展。

谈进化的未解之谜

科技之窗——模拟进化

如果你觉得生物的进化很难理解，或者说你由于不可能亲眼看到生物进化的过程而怀疑生物进化的真实性，那么，现在科技的发达能够让我们实现某些原先认为不可能的事，包括"看到"生物的进化过程。

数字化的时代，让我们感受到很多以前不敢想象的东西。让我们一起走进数字科技的时代吧……

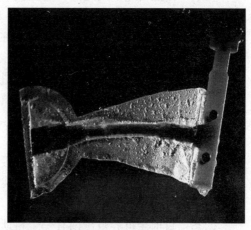

◆科研人员研制的机器尾翼

谈进化的未解之谜

水上机器人模拟生物进化

生命的形式如何从单一到多样，从简单到复杂，从低级到高级，达尔文提出的进化论已经为我们提供了解释。根据进化论中自然选择理论，地球上一些物种因为能够适应环境而存活演化至今，然而一些物种却因为适应不了环境而消亡了。但是远古时期自然选择是怎么发生

这种机器人并不像《终结者》系列电影里的机器人，由于后者智能化水平越来越高，甚至超过了人类，最后对研制开发它们的人类主义竟反戈一击。

的？我们现代的人当然无法亲眼目睹。

近期，美国一所大学的科学家研制出长有鳍和尾巴的机器人，对远古时期的生物进化进行了模拟演示。我们可以通过模拟实验的演示，亲眼见一回生命是如何进化的了。

在美国瓦萨尔学院的实验室里，两个机器人在水池内像浴缸里的玩具一样在水中摇摆着它们的尾鳍。这些机器人的动作都由装在圆形塑料容器内的微处理器控制。

科学家并不是在玩什么游戏，而是在研究进化论。实验时把两个机器人放进水池内，分别模拟的是捕食者和被捕食者，让它们发生相遇场景，从而对大约5亿4千万年前的生物进化进行研究。被捕食者机器人被称为Preyro，它身上能引起进化。据进行这项研究的科学家表示，他们会对被捕食者机器人的尾部设计进行不断改进，观察哪一种设计能使它躲避捕食者机器人的追杀。

瓦萨尔学院的生物学和认知科学教授约翰·龙和他的学生组成的科研团队开展了这项研究。约翰·龙说："我们应用了选择理论，正如自然选择法则。"

据悉，目前全世界范围内有一个科研小组正借助机器人进行生物学和进化论研究，约翰·龙正是其中一名成员。这些机器人能够在水中摆动身体，也能爬上岸。科研人员们相信，随着机器人技术的不断发展，机器人将比以往更好地模拟动物，这也将方便科学家更好地借助机器人研究进化论。比如，约翰·龙开展研究的机器人检验了远古水生动物背脊骨发展进化的理论。

各个方面的技术进步，预示着用机器人模拟进行生物学和进化论研究有广阔的前景。控制机器人动作的微处理器体积越来越小，功能越来越强大。制造机器人的材料更加容易弯曲。此外，借助越来越发达的假肢制造技术，科学家们借以研究生物学的机器人功能会越来越强大。

几年前，瑞士科研人员曾制造出一个明黄色机器人，它能够在水中游泳，能够在陆地上行走。科研人员借助这个机器人研究脊椎动物从水中向陆地的进化，并把这个机器人从日内瓦湖中蠕动爬出的视频发布到了一家网站上。

哈佛大学的有机体和进化生物学教授乔治·罗德尔借助机器鳍来研究鱼的运动方式。他表示，科学家们只是借助机器人来模拟动物的某些特

◆约翰教授和他的学生观察水池中的机器人,研究生物进化论

征,研究它们的工作原理。接着,科学家们会改变机器人的某些特征,观察它们的机能会发生什么改变。

想 一 想 议 一 议

这个实验的结论正确吗?

对于此实验的结论,颇有争议。哈佛大学的乔治·罗德尔教授表示,没有什么材料制造出的机器人能够完全模拟替代非常复杂的动物机体。不过他对生物学研究领域里的机器人技术发展却充满期待。"未来的 20 年将会是令人惊奇的。"

约翰·龙和他的学生通过机器人试验证明了古水生生物背脊骨发展进化的理论。他们把 Preyro 机器人和另一个捕食者机器人 Tadiator 同时放进水池内。科研人员提出一个假设:古生物避开捕食者快速逃生的需求,促进了古水生生物背脊骨的发达。实验结果验证了他们的假设。他们发现,改变 Preyro 机器人尾鳍的尺寸对 Preyro 机器人的逃生并无帮助,不过增

谈进化的未解之谜

强它的背脊骨却能使它迅速游离危险。约翰·龙和他的学生得出结论，躲避捕食者猎杀的需要，导致了多脊椎骨的进化。

数字化的自然选择

除了约翰教授有这样的想法之外，美国密执安州立大学的科学家们为了给生物进化论理论研究提供试验平台，利用计算机建造了一个虚拟世界，向其中投放了许多"数字臭虫"。这些数字化臭虫也能繁殖、变异并为争取计算机处理时间而相互竞争，就像是现实世界的生物为能供给它们能量的食物而竞争一样。

在这个虚拟的世界里，可以让我们在极短的时间里观察到在现实世界需要数百万年才能观察到的生物进化现象。在这个系统的帮助下，研究者还能够对细菌一类繁殖过程极快的生物的每一个细微变化过程都作出记录，从而得到进化全过程的描述。

计算机科学与生物学的结合使研究者可以研究到有机体在面临多种基因变异时的进化过程，尤其可以解决对孤立的变异过程与两种变异同时出现时有机体所产生的变化的理解。

这些模拟进化的方法是科技在逐渐发达的体现，但是一些科学家对这种虚拟实验环境的作用仍然持怀疑态度，他们不相信电子臭虫真的能够具有现实世界生物一样的复杂机能，去准确地模拟出现实世界所发生的生物进化过程。我们期盼着更完美的模拟进化实验出现。

谈进化的未解之谜

进化百态大搜索——真假进化

我们身边发生着很多奇怪的事情，有的与进化有关，有的却是人们有关进化方面的口口相传，或者是某些"有心人"想引起众人特别关注而故意为之，其真实性有些令人怀疑。

科学是经得起不断的验证不断推敲的。让我们带着科学的严谨精神，从科学的视角去查看这些真真假假的有关进化的奇异现象吧……

◆兰花螳螂的完美伪装

专家解读树苗事件

不久前，世界各地的新闻媒体纷纷报道了一则新闻，俄罗斯一名28岁的男子因肺部异常疼痛到医院检查，医生诊断他患了肺癌，于是为他实施了外科手术。让人匪夷所思的是，当医生切下这块肺癌组织时，竟然发现里面长着一棵长约5厘米的冷杉树苗！

新闻传开后，不少人都怀疑其真实性，种子怎么可能在一个人的身体里发芽生长呢？这段新闻有文字有视频，让人很难找出是假新闻的证据来。让我们一起来看看植物专家和医学专家是怎么看待这段新闻的。

要推敲这则新闻的真实性，首先要了解种子是如何生长的。一粒种子来到这个世界之后，它的未来不能由自己做主，因为种子能否长成成熟的植物，要受到很多因素制约。

谈进化的未解之谜

谈
进
化
的
未
解
之
谜

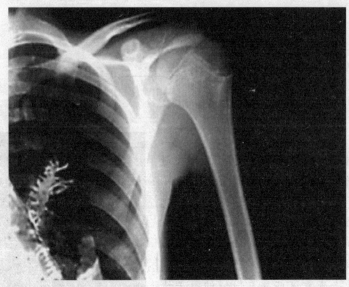

◆肺中长树苗

首先是它需要一个良好生长的环境。即使有了良好的环境，也不是立刻就开始生根发芽。许多植物种子在萌发之前都有一个休眠期，要休息一段时间才能"干活"，这是经过成千上万年的自然选择和遗传变异而

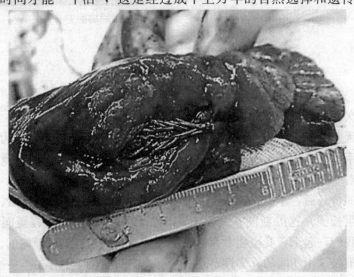

◆惊人手术照:肺和肺中树苗

来的。

种子根据自己的种类不同，休眠时期也各不相同，大多数植物的休眠期是在 2～6 个月之间。休眠结束后，种子就具备了萌发条件。一旦环境条件允许，便可以萌发了。萌发指的就是种子开始生长，胚根突破种皮，胚芽向上生长，发育成为新个体这个过程。它可以分为吸胀、萌动和生长三个阶段。

万物生长离不开水，种子也是，否则第一个吸胀阶段就完成不了。种子萌发过程中，一切生理活动都需要能量的供应，而能量来源于呼吸作用。种子在呼吸过程中，要吸入氧气。

因此，种子在萌发开始时，需要大量氧气和水。如果氧气不足，正常的呼吸作用就会受到影响，胚不能生长。

除了以上条件外，种子必须有了适宜的温度，才会萌发。一般来说，多数植物种子萌发所需的最低温度为0℃～5℃，低于此温度则不能萌发；最高温度为35℃～40℃，高于此温度也不能萌发；最适温度为25℃～30℃。

谈进化的未解之谜

> 吸胀即给种子喝水。种子吸收水分的过程一般可以分为两个阶段：第一阶段为急剧吸水阶段，这一过程一般为2~3小时；第二阶段为缓慢吸水阶段，这一过程一般为5~10小时。吸完水后，种子进入萌动时期。

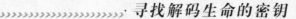
 你知道吗？

　　人体的肺部构成，主要有小支气管、肺泡管和肺泡，另外还有血管、淋巴管、神经等。所有这些物质都是由细胞组成的。细胞里有细胞液，因此，水分应该是有的。其次，植物萌发需要有氧气，而人体的肺属于呼吸系统，来的是氧气，去的是二氧化碳，因此氧气也是有的。但是，每种种子都有属于自己的温度。

谈进化的未解之谜

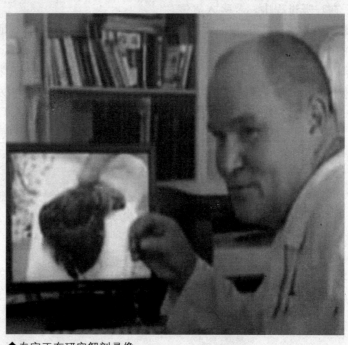

◆专家正在研究解剖录像

　　人体肺部的温度应该就是人体的温度，人体的正常温度是 37℃ 左右，而种子适宜发芽的温度一般在 25℃～30℃，不过种子能耐受的最高温度为 35℃～40℃，那么也就是说，种子在人肺中是有可能活下来的。

　　人的呼吸系统本身有一个选择性，如果有异物进来，首先会采取排斥，就像平时我们被呛着那样，会通过咳嗽，在异物还没有进入肺部时就将异物排出。不过，偶尔也会有漏网之鱼，能躲过人体的戒备，也许这粒种子就是这个漏网之鱼。那么，我们再假设，真的有一粒万幸的冷杉种子突破层层障碍，历经千辛万苦穿越人体气管，来到了人的肺部。

而如果人吸入的冷杉种子正好是休眠过的，那么是否就能正常发芽了呢？事实上情况也不容乐观。一般种子发芽最适宜的温度是 25℃～30℃，高于或低于这个温度对种子来说都不太适宜，发芽情况就不太好，而人体的体温一直保持 37℃的高温，对种子发芽的环境来说是很不适宜的。一般来说，原产南方的作物，萌发所需要的温度较高一些；原产北方的作物，萌发所要求的温度较低一些。这是因为植物长期适应环境。冷杉属于北方植物，那么它的种子发芽的温度应该比常规要低。所以冷杉种子在人体内发芽的可能性不大。

从新闻中那个男子的胸部 X 片和肺大体标本来看，这则新闻的真实性值得怀疑。从新闻视频中被切开的肺来看，树苗似乎是被放入标本里面的，周围没有支气管结构和肉芽肿改变。另外，视频里还出现了动手术的画面，但一般医院做手术时没有现场拍摄的情况，录像的来源也很可疑。

事情到此似乎已经可以告一段落了，在人体肺部长出冷杉树苗的可能性是不大的。但是，其他植物种子是否有可能在人体内生长呢？不管是什么种子，如果真到了人体的肺部，人会感觉到不适，咳嗽疼痛，没有人会忍受到几天的，更不用说等到种子长大。

小书屋

如果种子被误吸进来，或者说种子被呛着进入呼吸道，呼吸道会产生针对这个异物的免疫反应，将其包裹，在支气管腔内形成肉芽肿。

植物怪异的进化

上一个案例中，并不是人类进化了，进化成肺里面都能长植物了。而下面长相怪异的植物却的确是与进化有关，环境让它们不得不进化成"怪物"的样子。

谈进化的未解之谜

谈
进
化
的
未
解
之
谜

◆Hydnora africana：这种花生长在南非干旱贫瘠的沙漠地区，是一种奇特的肉色寄生性花，花吸在附近灌木的根茎上。发出恶臭的花簇吸引着成群结队的腐尸甲虫

◆阿诺尔特大花，又名大王花，号称世界第一大花，花朵能够长到直径 3 英尺

追根溯源

——人类进化之谜

　　地球的奥秘不轻易示人，然而世界各地的科学家却致力于揭开人类进化的奥秘，这是融合科学探索与浪漫侦探的一部传奇。我们只能遁着蛛丝马迹，去找出谁是人类的祖先，以及他们可能的生活方式。

　　今天生物学家对进化的细节虽然仍穿凿附会，但一致同意进化乃是不争的事实。过去毫不起眼的人类竟然成为世界主宰。我们能重建历史吗？或超越时空一窥过去的风貌吗？让我们一起来探索人类进化之谜。

真假源地
——现代人类来自外星球吗？

哺乳动物天生好奇，人类尤甚。最让我们感到好奇的就是人类起源的问题。

16世纪末，当莎士比亚认为"世界乃一舞台，所有男女不过是演员"之时，并没有人对先前的演员有过任何的了解。如今我们渴望知道这出大戏的演员到底是谁，他们于何时现身舞台又于何时谢幕而去。这是个扑朔迷离的故事，就像雾里看花般难以捉摸。

◆我们究竟从哪里来

模模糊糊中我们认为已找到了蛛丝马迹，已窥得了先人的堂奥，内心澎湃着血脉相通的喜悦，然而，当我们紧握线索时，却发现全是镜花水月。

人类起源的奥秘是融合科学探索和浪漫侦探的传奇，且让我们随着科学家们的脚步来探索人类起源之谜。

人类起源的发展

20世纪初期，科学家认为人类起源的摇篮在亚洲。亚洲是高级猿类的起源地。随着爪哇猿人、北京猿人等一系列发现，这一学说盛极一时。

后来在1924年，南非解剖学家雷蒙·达特收到一个由石灰岩矿场工人发现的头盖骨，达特宣称，这个头盖骨属于原始而类似猿的小孩，这个小孩乃是原人，是人类家族的一员。他还说，这个小孩已像我们一样直立行走，达特将之命名为南方古猿非洲种，也就是非洲南猿。达特的唯一声援

谈进化的未解之谜

◆爪哇猿人

◆北京猿人

谈进化的未解之谜

者是古生物学家罗伯·布鲁姆。直到20世纪30年和40年代布鲁姆发现成年南猿化石，达特认为非洲是人类的起源地的说法才得以证实。

非洲起源论有"多源论"、"单源论"之分。多源论认为，人类在进化到直立人阶段后，便扩散到全世界，然后各自进化。随着人类交往的频繁，不同的古人类之间开始混居杂交，便变成了现在各种各样的现代人。照"多源论"的说法，北京猿人等中国直立猿人依旧是现代中国人的祖先。

非洲单源论在"多源论"盛行的年代里，许多人对它抱有疑问。世界各地差距巨大的各种古人类是如何共同进化为现代人这相差不大的物种的？现在世界各地的现代人虽外貌差距很大，但身体本质上是差距很小的，随着DNA技术的发展，人们终于解开了这个未解之迷。人们发现，所有的现代人的祖先均为20万年前的一个东非女子，代号为"夏娃"，后来，"夏娃"的后代们扩散到全世界，消灭了世界各地原来的各种古人类，便成了现在统治整个地球的现代人。最近几年的一系列发现（如先驱人，长者智人）也证明了"单源论"的正确性。

小资料——先驱人和长者智人的发现

先驱人的发现：西班牙古生物学家在西班牙阿塔普尔卡地区发掘出一个120万年前的人类化石。这个仍带有7颗牙齿的下颚骨化石是迄今在该地区发现的最古老的人类化石，化石的发现表明，古人类移居西欧的时间比之前认为的要早得多。这一发现有力地支持了古人类在大约200万年前离开非洲后不久就来到了欧洲的理论。新的化石提供证据表明，直立人从非洲到达亚洲后，其中一部分开始返回，向欧洲西进。考古学家认为，在旅行过程中，滞留在西班牙北部阿塔普尔卡地区的人群逐渐进化成一个独特的人种。

◆"先驱人"化石

考古学家暂时将新发现化石命名为"先驱人"，并认为该人种可能是尼安德特人和智人的最后共同祖先。

长者智人的发现：1997年发现了埃塞俄比亚最古老的智人化石。化石包括未成年头骨1个，形态上成年头骨2个及一些碎片。其头部及面骨特征介于现代人与尼安德特人之间，形态上更接近大洋洲及太平洋群岛上的人，而与非洲人相差较远。研究者认为这一亚种的出现支持了人类"非洲起源说"。

英科学家称"我们都是外星人"

据英国媒体2010年2月3日报道，英国著名科学家、太空生物学家、卡迪夫大学教授钱德拉·维克拉姆辛赫得出惊人论断：所有的地球人都来自外太空，是由数百万年前的彗星带到地球的微生物进化而来。维克拉姆辛赫教授的这种理论于20世纪60年代始现雏形，认为生命的起源并不在地球上，而来源于外太空。

◆我们都是外星人？

身为太空生物学家的维克拉姆辛赫指出："我们都是来自外星的生物。每当新的行星体系形成，一些微生物会附着到彗星，然后彗星将这些种子带到其他星球，如此繁

谈进化的未解之谜

衍开来。"

自 20 世纪 60 年代以来，维克拉姆辛赫教授及其已故同事佛瑞德·伊勒便支持所谓的"胚种论"。他认为，第一批"生命种子"在 38 亿年前从太空驾临我们的地球。外太空的微生物搭乘彗星来到地球，而后不断繁殖进化并最终促成人类的产生。他发现的证据显示，人类以及地球上其他所有生命的起源，都可追溯到搭乘彗星前往地球的外星生物。在彗星撞击地球之后，它们开始在这颗蓝色星球上生根发芽。维克拉姆辛赫发现的证据刊登在剑桥大学《国际天体生物学杂志》上。

维克拉姆辛赫教授还认为，生命体在数十亿年内从一颗行星迁居到另一颗行星。彗星在撞击行星的同时也把活物质送入太空。在此之后，一些幸存者开始迁居新的行星，整个过程历时亿万年之久。但他同时也承认，这一模型仍无法解释最初的生命如何产生。

维克拉姆辛赫教授说："天文学证据能够压倒性地支持地球上的生命并非起源于地球而是来自外太空这一观点，虽然我们并不知道最初的生命如何产生，然而一旦产生，它们便在宇宙中扩散，其中一些得以幸存变得不可避免。在进入一个新十年，也就是 2010 年之际，我们要明确宣告人类可能拥有外星人血统，地外生命的存在遍布整个宇宙。"

这一新发现将掀起科学界讨论的新一轮风暴。

 你知道吗？

宇宙胚种说认为，地球上生命的种子来自宇宙。还有人推断，是同地球碰撞的彗星之一带着一个生命的胚胎，穿过宇宙，将其留在了刚刚诞生的地球之上，从而地球上才有了生命。但是，一些持反对意见的科学家却认为，彗星是带来了某些物质，但那不是决定性的，产生生命所必需的物质在地球上本来就已经存在。

人类起源地的探索

在人类进化的侦探故事中，我们大致了解了事情的发展结果，但对中间章节却所知无几，因为有太多的化石不过是碎片，还有更多的时光断层我们连化石都没见过。人类学的历史不过百来年，但它开启了新的奥秘，也提出了更大的疑问，为了填补无数的空白，必须发现新的化石。对科学家而言，追求真理的乐趣永远不减，他们知道在方圆数千里的某处，只要有点运气，又能找到新的甚至更教人兴奋的线索，来探讨人类过去的奥秘。

动手做一做

去网上了解一些有关人类起源地的其他观点吧。

1. 去搜索网站；

2. 搜索："人类起源地"，你将发现许多关于人类起源的网站链接，随便点一个开始了解吧；

3. 将你学到的东西尽量记下来吧，今后很可能会用到的。

谈进化的未解之谜

有缘无缘
——气候变化与人类起源

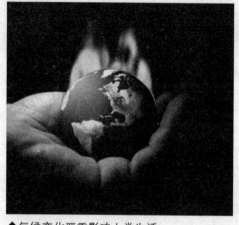

◆气候变化严重影响人类生活

谈进化的未解之谜

气候变化成为当今社会很关注的问题之一，气候变化对人类生活的影响在目前很重要，以后也是一样，那以前呢？生命的起源和进化问题与地球的气候变化有密切的关系。科学家们正在研究地球气候的重大变化对生物的进化产生了多大影响？

这些有关生命起源和进化的问题吸引着众多的科学家进行探究，让我们一起走进他们的探索世界吧……

最近，中德两国科学家公布了一项最新重大研究，发现大约在5亿～6亿年前，地球上发生了3次史上最大规模的非常事件，这可能导致了原始低级生命基因的突变、重组，继而大规模的动物及人类的"祖先"迅速繁殖起来。

寒武纪留下的疑问

地球史上著名的"大冰期"是在大约7.5亿～6.5亿年前，那时地球上白雪皑皑，平均温度在零下30℃以下。这样的温度，大量如微生物之类的原始生命，只有被冰封在地下，无法实现生命的进一步突破。奇怪的是，到了5.8亿年前的"寒武纪"，动物生命毫无征兆地繁荣起来，一派生机勃勃的情景，三叶虫、小春虫等动物都大量出现了。动物品种的丰富令专家咋舌，于是科学家把这个时代称为"寒武纪大爆发"。但是，冰川是如何过渡到生命突然繁荣的时代呢？历史给我们留下了一大堆的问号。

广角镜——冰河世纪

"冰河时代"是个通名，也是个专名，地球46亿年的历史，反复发生过大规模的气候变迁，"冰河时代"是其中的一种。

在近100万年的第四纪中，有过几次冰川期，在冰期之间又有过气候较暖的间冰期。冰期和间冰期的交替造成了地球上冰川的扩展和退缩，并对整个地理环境特别是生物界有极大的影响。

一般所说的冰河时代，主要是指第四纪大冰川的时代。因为它离我们最近，在地貌及沉积物等方面遗留下许多痕迹，使我们对它的了解比较详

◆冰川

细。实际上在整个地球发展史中发生过好几次这样的大冰期，有时冰川的范围扩大到目前在赤道附近的北非、印度和澳洲。根据发展的观点来看，地球上今后还有可能发生大冰川的降临。

气候演变支持非洲起源论

中国科学院南京古生物研究所的朱茂炎研究员介绍，经过研究确认，在6.3亿年前、5.5亿年前、5.4亿年前，地球上肯定发生了3次明显的异常事件，其规模、强度是空前绝后的。根据他的描述，这一变化过程极其惊心动魄：南极北极磁极倒转、地球大陆板块裂解、火山呼啸喷发，冰川开始溶解，滚烫的熔浆与冰碰撞后发生巨大的声音，地球气温开始急速升高，全球海平面上升。类似磁极倒转这样的事件如果发生在现在，可以让人类遭受灭顶之灾。但在那时，却使冰封许久的原始生命一下爆发，冰火

的激情碰撞容易激发新的生命基因。虽然上面的这幅场景还有待进一步研究确认，但是在华南地区，已经有研究表明那个时期火山和热水活动非常频繁。动物生命很可能起源于火山和热水附近。

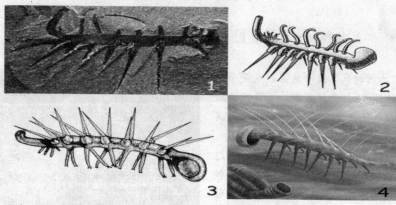

◆寒武纪怪诞虫

◆寒武纪生命的艺术复原图

在1000万年前左右和300万年前的冰河时期，地球大多数地方冰天雪地，没有植物，动物稀少，气候最温和的地方是非洲东部，这里森林覆盖

谈进化的未解之谜

面积广，适合猿人、能人、直立人生活。最古年代的古人类化石，都在非洲出土，说明在冰河期，非洲热带雨林气候最温和，这是灵长类动物大发展的理想地点，也是人类祖先与大猩猩分道扬镳，成为两个物种的地点。

那么根据气候环境对生命的影响，生命的起源地很可能是非洲，然后分支在各大洲繁衍，演化为不同人种。

气候对人类的影响

随着人类活动的影响，气候在不断变化，人类的生存环境受到威胁，人们开始关注气候的变化和环境的保护。

近百年来，地球气候正经历一次以全球变暖为主要特征的显著变化。各种全球变暖背景下的极端气候影响在世界各地频频上演，如暴雪、飓风、洪水、干旱，还有冰川崩塌消融、海平面上升、粮食减产、物种灭绝等，这样的现状令人担忧。

◆北京出现大风沙尘降温天气。图为在京城路边落满沙尘的车辆

谈进化的未解之谜

遗传的秘密花园
——尼安德特人之谜

◆尼安德特人

尼安德特人化石的发现引起科学家们的关注，现代人是由尼安德特人进化而来的吗？如果不是，那么对于两个人种的相似与不同，他们可能有过怎样的接触呢？

尼安德特人在大约 3 万年前神秘消失，这种神秘消失困扰了科学家长达几个世纪之久。尼安德特人到底是为什么而消失了呢？让我们一起走进尼安德特人的秘密花园吧……

谈进化的未解之谜

尼安德特人人种谜

1856 年，在德国杜塞尔多夫附近尼安德峡谷上方的一个洞穴里，人们第一次发现这种人类的遗骨，由于当地地名为尼安德谷，因此这个被发现的人种就被称为尼安德特人。尼安德特人遗骨的发现立即引起了人们热烈的争论，争论的焦点是：这些遗骨究竟是古人类的遗骨还是一种因疾病而变形的现代人的骸骨？跟现代人是不是属于同一的人种？

据资料显示，尼安德特人是一种前冰河时期原来居住在欧洲及西亚的人种。科学家近期破译了距今 7.5 万年前尼安德特人的化石中骨钙素氨基酸序列，发现该序列与现代人类相同。被研究的尼安德特人化石出土于伊拉克的山尼达尔岩洞，研究人员将被破译的尼安德特人化石中的骨钙素氨基酸序列与人类等现代灵长动物的骨钙素进行了比较，结果发现两者的骨钙素氨基酸序列是完全一样的。

研究人员认为，他们所分析的尼安德特人化石，是迄今蛋白质序列破译工作中涉及到的最古老的原始人化石。尼安德特人生活在距今约 15 万年至 3 万年前，曾广泛分布

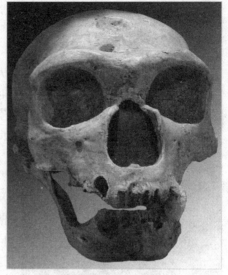

◆尼安德特人骸骨

于欧洲、北非和中东地区。通常认为尼安德特人已经灭绝，与现代人类没有直接亲缘关系。

谈进化的未解之谜

尼安德特人消失之谜

尼安德特人是现代欧洲人祖先的近亲，他们曾统治着整个欧洲和亚洲西部，但在 2.8 万年前，这些古人类却消失了。长期以来，科学家一直在探讨尼安德特人消失的原因。最新理论认为，导致尼安德特人消失的原因可能有两个：气候突然变化；现代人的祖先在某些生物特征上全面优于尼安德特人，逐步取代了他们。

◆尼安德特人

法国著名化石专家费尔南多·罗兹表示，尼安德特人可能沦为我们的祖先的盘中餐。这一令人不可思议的结论是根据莱斯·罗伊斯发现的一块

◆莱斯·罗伊斯发现尼安德特人颚骨化石

谈进化的未解之谜

尼安德特人颚骨化石得出的。

莱斯·罗伊斯在法国西南部发现一块腭骨化石。腭骨上的切口与早期人类在石器时代猎杀鹿以及其他动物时留在骨头上的切口类似。因此，尼安德特人的肉可能是被人类吃掉，牙齿则用来制作项链。

巴黎国家科学研究院的罗兹表示："我们让尼安德特人遭遇可怕的命运，从某程度上说，他们是被我们吃掉的。多年来，人类一直试图掩盖嗜食同类的证据，但我认为我们必须接受这种惨剧曾经发生的事实。"

罗兹指出，腭骨提供了尼安德特人曾遭人类攻击并且有时被杀死的证据。作为胜利者的人类将他们的尸体带回洞穴，吃掉他们的肉或者将他们的牙齿和骨头充当战利品。大约30万年前，尼安德特人的足迹遍布欧洲。他们在几个冰河时期之后幸存下来，大约3万年前神秘消失。就在他们消失的同时，人类也已从非洲迁到欧洲大陆。尼安德特人面部和眉脊较大，鼻子突出并且没有下巴。

点击——罗伊斯引起的争论

罗伊斯等人提出的"嗜食同类说"富有争议，势必与科学界的一贯想法南辕北辙。

一种有关尼安德特人消失的理论认为，他们无力与人类竞争，最终被无情淘汰。相比之下，后者拥有更为发达的大脑，能够利用更为先进的工具获取并不充足的资源，其中就包括食物在内。其他科学家则认为，他们更易受气候变化影响。

波尔多史前史研究所的弗朗西斯·德埃里克便对这一理论提出反驳。他指出："单是切口还不足以证明曾发生嗜食同类的惨剧。"可能的情况是，人类发现了尼安德特人的腭骨并用上面的牙齿制成项链。

伦敦自然历史博物馆的克里斯特·斯金格教授表示："这是一项非常重要的研究，但我们需要更多证据证明这一结论。根据这项研究，现代人和尼安德特人曾在同一时期生活在欧洲的同一地区，他们相互影响，有时可能是一种敌对关系。虽然并不足以证明我们让尼安德特人走向灭绝或者说被我们吃掉，但此项研究还是为来自现代人的竞争可能与尼安德特人灭绝有关提供了证据。"

还有另一种观点则是认为：气候环境变化太快导致尼安德特人不能适应环境而消失了。

由于气候相对温和，动植物资源丰富，伊比利亚半岛成为尼安德特人最后的大本营。然而，尼安德特人未能坚持多久，便迅速走向灭亡，只留下少量石器和篝火残余。

事实上，很多生物学和行为特征都说明，尼安德特人能很好地适应寒冷环境。虽然为了抵御严寒，尼安德特人需要用动物毛皮制作衣服，但他们的桶状胸和粗壮的四肢都有利于维持体温。强壮的身躯是尼安德特人适应狩猎方式的结果，因为他们常以

◆尼安德特人的生活

埋伏方式猎取独居的大型哺乳动物，如寒冷时期生活在北欧和中欧地区的长毛犀牛。尼安德特人的其他显著特征（如突出的眉骨）可能是遗传漂变形成的中性特征，而不是自然选择的结果。

但有关数据显示，气候变化绝非从暖和到寒冷的稳定过渡，经常发生激烈而突然改变，生态环境也随之发生极大的变化，在一个人的一生中，小时候看到的植物和动物，在他长大后就已消失，并被其他动植物取代。然后，自然环境又可能以同样的速度变回原来的模样。

近期英国科学家提出的一种新观点认为，尼安德特人或许因为一种类似疯牛病的疾病流行而逐渐消亡。有些科学家还认为，是因为尼安德特人语言不够发达，也就是口齿不清，影响了交流的进行，影响了群体的生存能力而导致灭绝。

谈进化的未解之谜

◆计算机模拟的尼安德特人正在捕猎

　　从以上可以看出，尼安德特人的灭绝不是一个简单的过程，有可能是受多种因素共同导致的。

拓展小资料

　　科学家已找到一系列能证明尼安德特人如何消失的最新证据，古气候学研究提供的数据便是其中之一。在过去20多万年里，尼安德特人经历过寒冷的冰河期和相对暖和的间冰期。科学家推测，可能由于气温骤降，尼安德特人找不到足够的食物，或没有有效的保暖设施，最终从地球上消失。然而，一个重要事实使这一推测难以成立：此前，尼安德特人已经历过冰河期并存活了下来。

谈进化的未解之谜

神秘使者
——哈比特人种群之谜

看过影片《指环王》的人就知道一种叫"哈比特人"的人种，这种人种身形矮小，脑袋很小。

"哈比特人"为 2003 年人们在印尼佛罗里斯岛上发现的小型人体遗骸后取的名字。他们是一种已经灭绝的人类种群，或者仅是发育不良的智人，我们还不得而知。他们是否与现代人类不同，或者也许他们不是灭绝的人类种群，而是像黑猩猩那样是一种完全独立的物种？他们是"佛罗里斯人"吗？这些问题同样困扰着科学家们。解决这些谜团的方法只有不断寻找新的线索，让我们跟随科学家脚步，一起走进哈比特人的世界吧。

◆指环王

谈进化的未解之谜

哈比特人的发现

在没发现哈比特人的骸骨之前，我们并不知道世上原来还有这样一种人种。

6 年前，澳大利亚科学家在印度尼西亚佛罗里斯发现了小原始人的遗骨，而现在遗骨研究的结论使科学家们大跌眼镜，他们发现，原来佛罗里斯的小原始人竟然是小型猿人，这就说明了最先离开非洲开拓殖民地的不是直立人而是猿人，而在此之前，科学家们一直认为是直立人先离开了非洲。这对于先前的探索无疑又产生了一个突破，"哈比特人"的发现，改写了历史，原来猿人才是最先离开非洲的"人"。

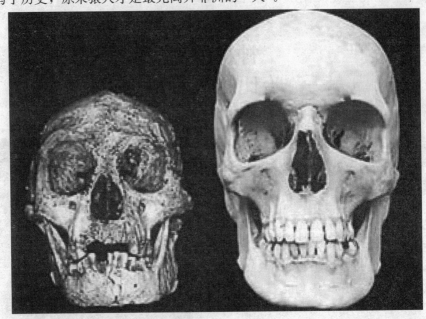

◆现代人(右)与小矮人头骨比较

　　2004年，一个澳大利亚研究团队在印度尼西亚佛罗里斯的一个名为利昂布阿的洞穴进行考察，在那里他们发现了这些小原始人的遗骨，这些小原始人还曾用自制的石质工具捕猎幼象，并与科莫多巨蜥战斗。他们在利昂布阿洞穴还发现了一个小型颅骨和下颚。澳大利亚伍伦贡大学教授迈克·墨伍德曾说："事实上，这是至今我们发现的最小的成年人类骸骨之一。"

　　科学家们最终发现，这些小原始人竟然只有3英尺高，体型如同《指环王》中的"哈比特人"，并且大脑只有橘子般大小。

　　更奇怪的是这群小型原始人的起源。

　　越来越多的科学家认为他们的祖先是300万年前非洲大草原上开始进化的猿人，他们在到达印尼佛罗里斯前，与大猩猩、巨型海龟和珍稀鸟类为伴，跨越了大半个地球。

　　很明显，佛罗里斯原始人在印度尼西亚的群岛上生活了超过百万年，但是究竟是什么原因使他们在距今17000年前突然消失呢？目前，科学界对此给出的解释都充满争议。

小链接

　　有的科学家持运气论，他们认为佛罗里斯原始人千万年来耗尽了帮助他们在岛上生生不息的好运，考古学家斯特林格说："他们最后的聚居点利昂布阿洞穴中是厚厚的岩层，这正好是17000年前的一次火山爆发带来的岩浆所形成。所以，从当地地质的角度来推测，他们的灭绝的确是因为运气不好。"

矮人种群

◆"弗罗里斯人"

　　除了哈比特人之外，还有几种与之长相类似的种群，它们都有一个共同的特征：矮小。

　　近期，印度尼西亚又发现小矮人化石，这说明人类在进化的过程中，的确存在"小矮人"人种。一项最新的考古成果更加坚定了科学家的猜测。两年前，科学家曾在印度尼西亚佛罗里斯岛上的一个洞穴里发现了一具"佛罗里斯人"（又称"小矮人"）的完整骨骼化石和其他6具骸骨的碎片。科学家认为找到了此前从未被发现的新人种。2004年10月28日，《自然》杂志以封面文章的形式公布了这个石破天惊的新发现。但有人类学家持反对意见，不认为这是一个新的人种，只是最早的侏儒症患者。

谈进化的未解之谜

科技链接——相关最新发现

2005 年 10 月 13 日，澳大利亚新英格兰大学的考古学教授麦克·莫伍德领导的考古小组在《自然》杂志发表文章说，他们在同一个洞穴里发现了更多的"小矮人"骨头，包括一个很小的成年人下颚骨，距今已有 1.5 万年。新发现的遗骨证实，在距今 7.4 万年前至 1.2 万年前，这里长期存在一个矮子人群。

2003 年发现的"佛罗里斯人"骨骼化石属于一名约 30 岁的成熟女性。三维合成图像显示，她的身高仅有 1 米左右，体重约为 25 千克，头部像葡萄柚那么大，脑量仅为 380 毫升，只及现代人的 1/4。她的手臂略比现代人长，面部的显著特征是有着凸出且很厚的眉脊，前额斜度很大，没有下巴。化石年代鉴定表明，这名女性"佛罗里斯人"大约生活在 1.8 万年前。

谈进化的未解之谜

人类学家推论，这些"小矮人"可能由直立人进化而来。直立人在 80 万年前就已历经千难万险从爪哇岛漂游到达佛罗里斯岛，从而使得他们与其他的人类隔绝，成为一个独立的原始人类群体。随着时间的推移，由于食物的缺乏和人口数目的增多，直立人的个体开始缩小，使得他们进化为较小的个体。

考古发现的参与者之一、澳大利亚伍伦贡大学地质年代学家理查德·罗伯兹认为，"佛罗里斯人"是已发现的人种中最矮小的一种，是人类族谱当中的一个分支。他们的行为已经具有明显的人属特征：他们用火烧煮食物，制作工具，并通

◆小矮人

过集体合作来捕杀猎物，比如像猛犸象一样的动物。

那到底还有多少'小矮人'呢？一些科学家推断"佛罗里斯人"已灭绝，可能是因为岛上食物有限，在与智人争夺资源的过程中，"佛罗里斯

人"处于下风，在大约1.2万年前的一次火山爆发后灭绝。

印度尼西亚的当地人并不认同这种说法，他们觉得弗洛里斯小矮人还存在。

矮人骨骼化石的发现，为爪哇东部一个已消失部落的存在提供了证据。这个由"小矮人"统治的部落人群与科莫多巨蜥和另一种蜥蜴生活在一起。他们用手打造石头工具，以猎杀体形矮小的象为生。《自然》杂志高级编辑亨利·奇说："在科学家发现'小矮人'前，人们一直认为矮人部落只是一种传说。现在，我们不得不怀疑，地球上还有多少种新种类的人存在。"

除了上述的小矮人外，在俄罗斯西伯利亚秋明州南部一个叫托博尔斯克沼泽地的小地方也发现一种小号颅骨，据考证，若干万年前有小矮人在这里繁衍生息。

想一想议一议

哪种说法更准确？

根据传说，后来灾难突然降临到西伯利亚小矮人头上。天变得严寒，河流和湖泊封冻，春天大地变成一片不能通行的沼泽。有一次，小矮人实在熬不下去了，集体溺水而亡。

不过还有另一种说法：当有一个更强悍的民族来到外乌拉尔之后，西伯利亚人就消失了。小矮人不愿沦为敌人的俘虏，挖了一个带厚盖的深坑，活活地将自己埋在里面。

俄罗斯西伯利亚秋明州南部所到之处都可以看到有着不少传说的坟场，这些传说也有关于一种小矮人部落的，据说他们像是若干万年前就住在这一带，同灰鹤格斗，抢它们的蛋。前不久，这种看似怪诞的传说得到了证实。当地的猎人在两座坟场附近找到了一些开始还认为是狗头的小号颅骨。可后来再瞧仔细，才看出颅骨虽小，但总还是人的。秋明州方志博

谈进化的未解之谜

物馆的科研人员里萨特·拉希莫夫也证实了这一点：好像有这种骸骨的人，身高不超过 50 厘米。

　　著名的秋明地区作家和地方志专家鲍里斯·加利亚济莫夫所掌握的资料中有不少材料，其中有关于西伯利亚侏儒的传说。他认为这种侏儒属于西伯利亚种族，个子矮小得可以 20 个人同时骑一匹马。而到春天鸟下蛋季节，小矮人从灰鹤的巢里偷走它们的蛋来当食品。他们都是有组织地"抢掠"，像打仗一样。

进退两难
——人类是在进化还是退化

在人类的进化过程中，体质特征发生了很大的变化，人类的脑量增大、身高增高、下颌骨缩小、面部趋向扁平、牙齿减小等等。

从猿到人，从四足着地到两足直立行走，人类的诞生以及进化是一些漫长且充满变数的过程。人类似乎都持有这样一些疑问："人类是在进化还是退化？""人类是否还会进化？""假如人类还会进化，那进化的方向如何？"有人认为，在现代人之后可能会出现一种更为完善的新的人种——第三性人。这究竟是真是假呢？让我们一起来看一看，想一想吧。

◆进还是退？

人类到底是在退化，还是在继续不断完善自己？对于这个问题，人们各有各的看法。俄罗斯《共青团真理报》曾发表了几位科学家对这个问题的看法。科学家认为，在现代人之后可能会出现一种更为完善的新的人种。另外，由于Y性染色体的不断消失，男人作为一种物种有灭绝的可能，取而代之的将是另外一种第三性人。

人类的进化已经走到尽头？

对于人类现状是进化还是退化的问题，有人持乐观的观点，毕竟人类

谈进化的未解之谜

能成为万物之灵是有一定优势的，有人却觉得不能盲目乐观。

悲观派认为人类的进化已经走到尽头，他们认为现代人种的正面和负面突变都已经结束。人类进化过程是建立在基因能改变活生物体去适应外部周围环境的性能的基础上，可现代人不仅几乎丧失了对生物圈的依赖性，而且自己还去破坏它。

退化　　　　　　　　　　　进化

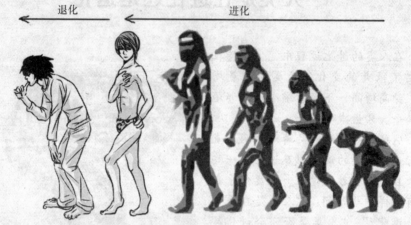

◆悲观论者认为人类的进化已经到了尽头

谈进化的未解之谜

第三性征出现

有关 Y 染色体的进化今日成为了相关领域专家们的热门话题。Y 染色体是否会逐渐消失？第三性特征是否会出现？这些问题至今还没有确凿的证据来证明。但这些问题的提出并不是空穴来风。

据统计，数百万年前 Y 基因有 1500 个，现在总共只剩下 40 个。不仅仅如此，Y 染色体已经在一些其他动物体内消失了。这让很多人觉得这种事情也有可能会在人类身上发生。

为什么 Y 染色体会出现"枯竭"

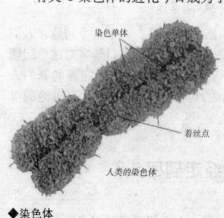

染色单体

着丝点

人类的染色体

◆染色体

现象，谁也说不上来。但如果这个过程不会停止，它们就有和男人一道完全消失的可能。取而代之的将是另外一种第三性人，这种人不排除既具有男性性器官，也具有女性性器官。

根据以上数据，很多人猜测男人作为一种物种有灭绝的可能，因为Y性染色体在持续不断地失去基因，而男人能来到世上就是多亏了这个Y性染色体。可是，女性X染色体不知为什么却未出现变化。

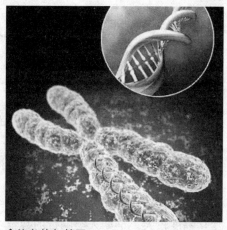

◆染色体与基因

有关研究人员对人类和黑猩猩的基因进行了对比。人类和黑猩猩在过去的600万年中是各自单独进化的，所以科学家推理，这种对比可以找出在那个时期其中一个物种或另一物种体内已经陷入瘫痪的基因。

他们在黑猩猩的染色体上发现了五种这样的基因，但在人类染色体上却一无所获，这与1000万年后Y染色体将消失的说法相抵触，这一发现驳斥了Y染色体'末日'的理论。

人类会不会出现一个质的飞跃还没有结论，不过人类身上的个别变化还是会有的。

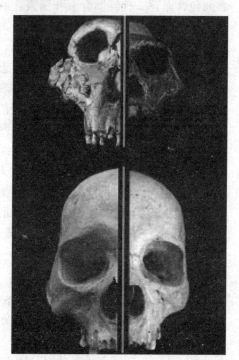

◆人类颅容量的变化

谈进化的未解之谜

人类进化依据

（一）脑颅的变化

近些年来，国内外很多学者对全新世考古遗址出土的古代人群的遗骸进行了研究，发现近万年来，全新世人类的体质特征仍在进化，其颅容量、身高、头骨形态特征、抵抗疾病的能力、人种间的差异程度等方面都发生了微观的变化。

近万年来，人类的颅容量在逐渐缩小。在人类进化的过程中，颅容量变化幅度较大。早期人类脑量的数值主要是通过测量得到，因为脑和颅骨之间包含血管、神经脑脊液和脑膜，所以测得的脑容量要比实际上的脑量约大一些，其差值在 5％ 左右。虽然如此，由于颅容量数值接近脑量，并且从进化方面很容易测量并得到数据，因此一般用颅容量代表脑容量的大小，脑量的增加世人类进化的重要标志之一。

国外的一些学者对更新世晚期的现代人颅容量进行研究，发现近万年来全新世人类的颅容量仍有微小幅度的变化，其变化趋势不是人类想象的那样继续增加，而是向着缩小的趋势发展。非洲成年男性的颅容量在 6000 年中平均缩小了 95～165 毫升，女性缩小了 74～106 毫升。

另外，我国的一些学者对全新世人类颅容量的变化进行过研究。我国桂林南郊出土的新石器时代居民——甑皮岩人，男性颅容量平均为 1459 毫升，女性平均为 1434 毫升。现代华北居民男性颅容量平均为 1406 毫升，女性为 1360 毫升。从新石器时代到现在，男性颅容量降低了 53 毫升，女性颅容量降低了 74 毫升。颅容量大小的降低，意味着颅骨尺寸的缩小，说明人类体质特征仍在变化。

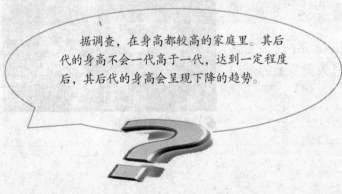

据调查，在身高都较高的家庭里。其后代的身高不会一代高于一代，达到一定程度后，其后代的身高会呈现下降的趋势。

谈进化的未解之谜

知 识 窗

相关颅容量数据

生活在距今 600 万～700 万年前的托麦人，其脑量与黑猩猩接近。距今 440 万～150 万年前的南方古猿，其颅容量为 400 万～530 毫升左右。距今 250 万～160 万年前的能人，颅容量为 510～752 毫升。距今 170 万～20 余万年前的直立人，颅容量为 600～1251 毫升，平均为 1050 毫升左右。距今 20 万～10 余万年前的早期智人，颅容量为 1100～1500 毫升。距今约 10 万～3 万年前的晚期智人，在世界各地都有所发现，颅容量为 1300～1750 毫升。我国更新世晚期智人山顶洞人的颅容量为 1300～1500 毫升，柳江人的颅容量为 1400 毫升。

（二）身高的变化

◆人类身高的变化

现在常听到有关身高的玩笑话：男性的身高没到 1.75 米、女性的身高低于 1.60 米，被称为 21 世纪的"二级残人"。那么远古的人类身高多少呢？人类的身高是在逐渐升高的。人类学家研究发现，身高的大小与营养状况相关密切。距今 6000～4000 年的中国新石器时代居民，男性身高平均为 1.65 米，女性为 1.54 米。隋唐、宋明时期，男性平均身高为 1.66 米，女性平均身高 1.56 米。19 世纪 60 年代，身高曾出现了负增长的现象。据统计，1944 年，上海 7～14 岁男女学生的身高，比 1931～1932 年同龄学生平均矮了 5.7～7.3 厘米。目前，我国成年男性平均身高为 1.69 米，女性平均身高为 1.58 米。随着人们生活水平的提高，身高还会有一定程度的增加，但不会呈现永远增长的趋势。

谈进化的未解之谜

人类进化的归宿之谜

　　生物由低级进化到高级，由简单进化到复杂。今天地球上的各种生物和远古时代的生物截然不同。在未来，各种生物又和现在不同，这就是进化的结果。进化的过程是极其缓慢的，要经过长期的自然选择逐渐地演变。除了由低等进化到高等外，生物的种类也不断地增多。今天的物种远比 5 亿年前的物种多得多，今后还会不断地增加。

　　21 世纪人类将何去何从。大多数专家认为，试图推测人类进化的方向是徒劳无功的。不管我们归于何处，有一点似乎毫无疑问，即人类进化的历史不会结束。

谈进化的未解之谜

谈远亲近邻
——人类祖先和恐龙共存之谜

恐龙灭绝了,人类的祖先却活了下来。现在除了在电影《侏罗纪公园》里可以看到人和恐龙在同一个时期外,在人们的印象中,好像人类和恐龙天生就不可能生活在同一个时期。

但是,最近有科学家指出,人类祖先和恐龙可能有一个共存的时期——白垩纪。人类真的曾经和恐龙生活在同一个时期吗?二者是怎样共存的呢?让我们一起去了解一下吧。

◆人类是这样和恐龙相处的吗?

恐龙是远古时期统治地球 1.6 亿年的神秘动物,它们曾经是地球的主人。在远古侏罗纪时期,它们的生活及其习性是多年以来科学家致力要解开的答案。现今这种体形庞大的物种已销声匿迹,然而它们的灭绝更增添了一份神秘色彩。近期,有科学家发现人类祖先可能和恐龙有过亲密接触,也就是说,人类祖先和恐龙可能曾经生活在同一个时期。

证据大比拼

根据美国多位科学家最新研究发现,大约在 8000 万年前,所有灵长类动物(包括人类)共同的祖先,曾经和恐龙们共存,一起生活在同一史前时代——白垩纪。该研究结论在世界权威的科学杂志《自然》发表后,犹

谈进化的未解之谜

基因比较法通过观察、分析，找出研究对象基因的相同点和不同点。它是认识事的的一种基本方法。

如在科学界投入了一颗炸弹。这项通过最新研究方法得出的惊人结论，或许将改写整个生物进化发展史。

在此之前，科学家一直约定俗成地认为，灵长类动物的祖先大约起源于5500万年前。美国芝加哥菲尔德博物馆的科学家们，利用一种全新的科学分析方法——"基因比较法"，得出的最新研究数据，将这个时间大大提前了3000多万年，灵长类物的祖先竟曾与恐龙生活在同一个时代！这无疑让科学界掀起一阵探究灵长动物起源的热潮。

这项发现对生物发展史具有绝对重大的影响。因为早先的年代数据（灵长类祖先起源于5500万年前），是基于对年代最古老的灵长类生物化石进行碳分子研究得出的结论，依赖的是灵长类生物的古化石记录。早先的研究认为当灵长类生物的先祖诞生之时，恐龙早就已经灭绝了。

但是，由于古生物化石是孤立的，不能揭示出灵长类生物的共同祖先，究竟从什么时候才开始分化成不同的灵长种类，直到最后进化成现在地球上共200多种灵长类生物物种。由于灵长类生物化石记录严重残缺不全，古生物学家们无法证明那些发掘出的化石样品就是最早的灵长类生物化石。

科学家只能从另外的角度来思考问题：基因分析。科学家们通过无数次的基因比较，弄清了现存灵长类生物DNA存在的每一个微妙差别。通过比较不同灵长类生物的DNA差别，科学家们发现，两种基因代码的差别越小，它们"分家"的年代也就越晚。通过反复比较、测算，科学家们得出了灵长类生物从拥有"共同的祖先"到开始"分家"的准确年代：从出现最早的灵长类生物到如今，时间整整过去了9000万年。基于这项研究，美国宾夕法尼亚州大学的布赖尔·海基等进化生物学家进一步认为：人类的祖先——最早的灵长类生物，曾跟史前最大的爬虫——恐龙们生活在一起。

当然，这些都只是科学推测，没有化石来证明。事实上，科学家们也

谈进化的未解之谜

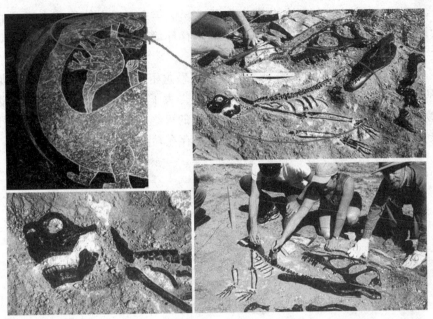

◆发现恐龙化石

许根本无法用事实证明：这些从来不为我们所知的人类"近亲"曾经那么早远地存在过，跟恐龙决斗过，被陨石毁灭过。除非哪一天，古生物学家们终于发现了恐龙时代灵长类祖先的化石。

有关恐龙的误区

许多年来，恐龙灭绝的谜团强烈地吸引着各个领域的科学家，他们从不同的角度给予解释，很多假说本身就像恐龙灭绝一样奇特、惊人、震撼人心。无论是物种斗争还是环境渐变，都是专家们争论的话题。人们对恐龙的探究也曾产生了一些误解：

误区一：哺乳动物吃恐龙蛋导致恐龙灭绝

恐龙与哺乳动物共同存在 1.5 亿年，虽然恐龙的巢穴很容易遭受攻击，但是考古学家指出，这些恐龙蛋掠食者通常都是体形较小的恐龙，对于当时的哺乳动物来说，它们的体积太小，无法吃下恐龙蛋。

误区之二：恐龙灭绝之后哺乳动物才开始进化

小型哺乳动物与恐龙共同生存了 1.5 亿年之久，在体形庞大恐龙的"阴影"下，远古哺乳动物只有较小的生存环境，一些夜间活动的哺乳动物体重仅有 2 克。

直到 650 万年前，哺乳动物的体形与恐龙相比还是小一些。随着恐龙从地球上灭绝，哺乳动物的生存环境也变得大了，随后更多种类的哺乳动物逐渐进化形成。但可以肯定的是，恐龙的灭绝进一步促进了地球上哺乳动物的进化，尽管在此之前哺乳动物就已存在，甚至比恐龙出现得更早。

谈进化的未解之谜

包公变身
——进化中的肤色之谜

烈日炎炎的夏季即将来临，大部分女性会涉及一个问题：如何保护自己好不容易变白的皮肤？肤色的白净似乎被认为是判定一个人漂亮的重要标准之一，"一白遮百丑"嘛。但是，为什么肤色白就意味着美？甚至在黑人的社群中也遵循着这样的标准。

美国著名歌星迈克·杰克逊一直是人们关注的偶象，他的皮肤由黑变白令很多人费解。皮肤白真的这么重要吗？我们一起来探究一下……

◆各种各样肤色的人们

最近，有研究发现，在人类的进化过程中，除了黑人天生的黑皮肤外，其他人种的肤色都倾于朝着白的方向发展。产生这一现象，必有其原因。

"天皇"肤色之谜

迈克·杰克逊的肤色变化，一直以来成为人们和媒体关注的焦点。杰克逊原本是个黑人，但是随着他年龄的增大，他的皮肤越变越白。虽然杰克逊一直用化妆来掩饰，却无法时刻掩饰皮肤变白的事实。更为严重的是因为不满自己的五官造型，杰克逊曾多次走向手术台整容，最后由于手术的后遗症的影响，脸部曾经多次出现塌陷现象。

肤色变白加上有整容的"前科"在，使得媒体一致认为杰克逊使用了

談進化的未解之謎

某种能使黑人皮肤"漂白"的技术，使得皮肤变得和白人一样，原因就在于杰克逊自己不满于黑人的皮肤和五官，觉得白人的皮肤和五官更美一点。此新闻传出后引起世界舆论的一片哗然，西方主流媒体纷纷鄙夷和指责杰克逊这种背叛种族的行为，而种族主义者更是将杰克逊视为叛徒和无耻之徒。更多的黑人不能理解他的这种行为，而媒体的推波助澜更是将他推到了风口浪尖，一时间杰克逊的名字和叛徒挂上了钩。

后来在某次记者采访中，杰克逊透露，他的皮肤由黑变白是由于皮肤色素失调，这是得自于他父方的遗传病症。后来杰克逊的皮肤病医生证实了在 1986 年的时候，他就诊断出克杰克逊患有白癜风。

除了朋友和家庭成员的证明之外，还有其他让人一目了然的证据。在欧洲，两本主题是杰克逊的歌迷杂志 "*Black & White*" 和 "*Nations of*

◆杰克逊各时期照

谈进化的未解之谜

Magic"曾经刊登了杰克逊在 Dangerous 巡回演出期间不化装的照片，照片显示出当时杰克逊的胳膊和手已经出现大而苍白的斑点，分布在黑色皮肤上，这些症状显示是严重的白癜风。一个跟随杰克逊巡演的歌迷说，有的时候杰克逊妆褪了，也会看到他的皮肤上有大斑点。

虽然大部分歌迷已经明白杰克逊皮肤变白是因为得了"白癜风"这种怪病，可是大部分媒体却一直视而不见，也许对于他们来说，宣传一个换肤变白的杰克逊比宣传得病变白的杰克逊更能够引起公众的关注。

小资料——白癜风

◆图中的"白人"妇女其实是名患白癜风的黑人

◆杰克逊早期照片能看出其明显的白癜风症状

白癜风是一种常见多发的色素性皮肤病。该病以局部或泛发性色素脱失形成白斑为特征，也称为获得性局限性或泛发性皮肤色素脱失症，易诊断，治疗难，影响美容。中医医学称之为"白癜风"或"白驳风"。此病世界各地均有发生，印度发病率最高，我国约有万人发病，可以累及所有种族，男女发病无显著差别。

肤色的黑与白

除了黑人天生的黑皮肤外，其他人种的皮肤都倾于向白的方向发展，其中必有原因。"肤色白＝美"——在很多社群中似乎都有这样的审美标

寻找解码生命的密钥

◆杰克逊

准。这个共识是怎样产生的？

要对这个问题做出回答，似乎很难。然而，科学研究的不断深入使得人们现在终于能对"肤白即美"给出比较合理的回答，尽管还不是十全十美。

研究认为，在人类的进化过程中，对于女性来说，肤色呈现白色有利于人类的进化和族群的繁衍昌盛。毫无疑问，种族的繁衍昌盛是包括人在内的生物最重要的自然属性之一和最大的利益需求。

为什么在人类进化过程中肤色白皙会有利于人类自身的生殖繁衍，并促使了"白就是美"的观念与定律的逐渐形成呢？

人类的皮肤自然而然变得白皙，源于人体对维生素 D_3 的需求。这个原因就是人体需要维生素，特别是维生素 D_3。而维生素 D_3 的产生一是靠自身合成，二是靠食物摄取。

人体自身合成维生素 D_3 是借助紫外光线完成的。太阳紫外线的照射使得人体皮肤产生了一系列的化学反应，进而制造出了维生素 D_3。对维生素 D_3 的需要，要求人体内必须减少黑色素的生成，只有这样才能让阳光更多地照射皮肤以合成维生素 D_3。

知识链接

1936 年，人们从鳕鱼中发现了维生素 D_3。之后发现了维生素 D_3 能帮助人体吸收钙，并使钙沉积到骨髓中，以维持人的身高、正常的体形和各种重要的活动与行为。如果维生素 D_3 不足，就会导致佝偻病，甚至产生更坏的结果。

由于肤色的白皙与否，并不是取决于太阳的照射，而是由体内黑色素的多少所决定，于是，人类的皮肤自然变得白皙起来。

谈进化的未解之谜

你知道吗?

维生素 D 主要存在于海鱼、动物肝脏、蛋黄和瘦肉中。另外像脱脂牛奶、鱼肝油、乳酪、坚果和海产品、添加维生素 D 的营养强化食品,也含有丰富的维生素 D。植物性食物几乎不含有维生素 D,维生素 D 主要来源于动物性食物。

当然,从食物中摄取维生素 D_3 是另一条重要渠道,但是,人类的祖先是无法选择食物的,他们往往获得什么食物就只能吃什么食物,从食物中摄取的维生素 D_3 远远不够。因此,维生素 D_3 主要还是通过皮肤吸收阳光来合成。

人体对维生素 D_3 的需要,同样可以解释地球北端人们为何长有金黄色头发。由于这些地区的人身体很少接触阳光,他们必须最大限度地通过头部来吸收阳光,而淡色的头发比黑色头发更能让阳光穿过头盖骨,因此通过上万年的进化,这些地区人们的头发就变得金黄色甚至是白色。

人类祖先肤色的进化选择倾向于黑色,但人类没有让自己的肤色黑下去。实际上,在毛发脱去后,人类祖先肤色的进化选择倾向于黑色。这是因为使人体皮肤变黑的黑色素不仅可以保护人免受紫外线的伤害,而且能避免紫外线破坏人体内的叶酸,叶酸对胎儿神经系统的发育至关重要。人体需要屏蔽紫外线,保护人体内的叶酸,同时又需要通过紫外线照射来生成维生素 D_3。前者需要黑色素,后者却不需要。黑色素生成的多与少(在保护叶酸与生成维生素 D_3 之间)的动态平衡无疑决定着人们肤色的深浅。

◆现代女性爱美白

于是,在制造维生素 D_3 和保护叶酸之间,矛盾产生了。在这两种矛盾因素之间必须有另一种力量来调节和制约。

进化的结果是，人类并没有让自己的皮肤尽可能地黑下去（黑人的肤色除外），而是选择了让肤色变得较白，原因在于女性的生育。

女性孕育后代的任务使得"肤白为美"的审美观念根深蒂固。无论是对美国人、欧洲人、东非人，还是对澳大利亚土著人和亚洲人进行的叶酸和维生素 D_3 的生化研究都表明，人类的繁衍行为是调节肤色的重要原因。

由于女性负有孕育后代的任务，她们在孕期所需的钙会比其他人多得多，这也意味着她们需要的维生素 D_3 也得相应增多。为此，体内必须减少黑色素的生成，以便让皮肤受到更多阳光的照射。

看来，女性的"肤白为美"，有着极其实用的意义。也许正是因为如此，无论在世界上任何地方，她们的肤色都比同一地区的男性要白。

于是，"肤色之白为美"便通过女性的生育和种群的繁衍而建立起来，这种由自然属性而建立起来的审美观念当然是根深蒂固。有了自然属性的决定作用之后，文化和习俗也随之加入，以附和和强化"肤白为美"的观念。

广角镜——酱油是美白杀手吗？

酱油是中国家庭厨房必有的调味品，中国传统饮食文化中的以形补形的观念根深蒂固，似乎人吃什么就会受其影响。对于黑褐色的酱油，不少爱美白的女士有些敬而远之，担心近酱者黑。不过医学专家已为酱油平反，实际上，并无证据表明酱油吃多了会导致肤色变深。

食用酱油不致于影响肤色，但身上有伤口的除外，所以医生若是建议忌口，有时也不无道理。

谈进化的未解之谜

争霸天下
——白头叶猴繁殖进化之谜

或许你也曾抱怨，为什么有些人不能通过正当竞争的手段获得自己想要的东西，总是企图利用欺骗性手段蒙混过关。现在科学家从人类近亲猴子的身上找到了答案，其实有时候欺骗行为也是弱者为了生存和繁殖的需要做出的必然选择。

为了抢占好的生存环境，白头叶猴猴群之间经常上演争霸战。

我国西南边陲的石山地区，生活着一种叫白头叶猴的灵长类动物。目前，在国外还没有其活体和标本，中国也仅广西有这种动物，因此白

◆白头叶猴

头叶猴被公认为世界最稀有的猴类之一。白头叶猴与人类的亲缘关系更近，具有更多与人类相同的遗传基因，同时由于它们具有更加复杂的社会形态，白头叶猴的研究价值并不亚于大熊猫，其生存空间比大熊猫还小。为了了解白头叶猴的生活习性，弄清它们的繁殖方式，科学家们在不断努力揭开它们繁殖进化之谜。

叶猴生存空间

白头叶猴是国家一级重点保护野生动物、珍稀濒危灵长类动物，现仅存 700 只左右，主要聚集在广西崇左市的 3 个自治区级自然保护区。

白头叶猴在地球上已生活了几百万年，在灵长类遗传学研究中具有重

谈进化的未解之谜

要的价值，是人类研究动物的形态、结构和功能与环境相适应的不可多得的物种，被列入全球最濒危的灵长类动物名单。

白头叶猴主要采食九龙藤、构树、檀树、金银花、扁担藤等树木的叶子。由于人们开荒、砍柴，造成这些树木减少，直接使白头叶猴的食物来源越来越少。还有更多人为因素导致白头叶猴的数量急剧减少。

尽快恢复被破坏的生态环境是保护白头叶猴的唯一方法。各级政府和有关部门应尽快采取有力措施，进一步提高人们对濒临灭绝生物的认识，严格保护好保护区，尽最大程度减少人为干扰，给白头叶猴创造一个赖以生存的林木等生态环境，这样才能保护濒临灭绝的白头叶猴。

保护白头叶猴，你还有什么好主意吗？

繁殖进化之谜

◆峭壁上的白头叶猴

白头叶猴群体采取的是一夫多妻制，一只处于优势地位的成年雄性猴子，也就是猴王，占有几只成年雌性猴子，形成一个固定的猴群。猴王拥有和猴群中每只雌猴交配的权力，共同繁衍后代。

关于这种生存于 250 万年前的"精灵"有这样一个神奇事件，根据对这个事件的分析，白头叶猴"雄性入侵夺家庭——杀婴——助家"的现象和繁殖进化之谜，终于在两年多的长期观察中被揭开。

下面是科学家们亲眼目睹单身公猴"阿成"进攻一只老公猴及其家庭的全过程：1998 年 3 月一天清晨，雄猴"阿成"和另一只雄猴突然向拥有 6 个"妻妾"和 11 只幼仔的老公猴发起进攻。老公猴吼叫着，多次把进攻的雄猴赶走。但在几天后，体力不支的老公猴终于战败，落荒而逃。"阿

谈进化的未解之谜

成"将老公猴的"妻妾"占为己有，但它的"一家之长"地位并非永久，不久就会受到比它更强壮的年轻雄猴的挑战。

一天，一只年轻公猴"阿怪"向另一只公猴"凸凸"的家庭发起了猛烈进攻。已经当了6年"家长"的"凸凸"在年轻力壮的儿子"小刘"的协助下，奋力将入侵者赶走。

老弱者的"家长"地位不断受到年轻强者的挑战，并最终被取而代之，这该是白头叶猴家族得以延续250多万年的一个"强者生存"的秘诀吧。同时，潘文石教授和他的研究生们已经不止一次地看到白头叶猴的"杀婴"行为。

◆成年母猴抱着被新入侵公猴摔死的小黄仔悲伤

雄猴"阿成"赶走老公猴没几天，老公猴的3只新出生的小黄仔便相继被"阿成"毫不留情地推下悬崖摔死。此后，研究小组又抓拍到成年母猴抱着被新入侵公猴摔死的小黄仔悲伤不已的镜头。

新入侵的"家长"为什么要残忍地将失败者的幼仔杀死？

原来这是新"家长"的繁殖策略。只有杀死小幼仔，才能促使母猴尽快发情，以便将自己的基因遗传下去。按惯例，雄性白头叶猴长大后，要离开父母去组建自己的家庭，繁育自己的后代。然而，在对白头叶猴"家庭群"的研究中，人们却发现了违背常规的现象：一只"长子"猴始终没有离开家庭，而是留在家庭中帮着父亲照顾幼小的弟妹，反击外来者的入侵。科学家们将这称为白头叶猴的"利他"性。正是由于有了这种"助家"的行为，白头叶猴的家庭才得以维持相对稳定。"雄性入侵——杀婴——助家"，构成了白头叶猴以雌性为中心的繁殖进化战略。这一战略确保了白头叶猴世世代代相对稳定的生活。

动物的欺骗

科学家们经过长期仔细观察，还发现了一个十分有趣的现象，即在猴群中，那些处于弱势地位的猴子，为了在和比自己强的猴子的竞争中获得生存的机会，往往会采取一些不同寻常的欺骗行为。研究者认为，动物的这种欺骗行为也表现为一种进化的需要。

◆正在示威的叶猴

每个猴群都占领着一定的势力范围，这一般称之为家域。每个猴群占有的家域所包含的食物资源都是不同的，有的家域食物资源丰富，有的家域食物资源比较贫乏。那么食物资源丰富的家域由谁占领呢？这时候，猴群与猴群之间为了抢占好的生存环境，就会出现互相争斗的现象。

知 识 窗

科学家们在野外观察中发现，猴群抢占好的生存环境能否成功，完全取决于猴王的竞争实力。猴群与猴群之间经常会上演争霸赛，当某个猴群的猴王发现周围有别的猴群对自己虎视眈眈、心怀不轨的时候，猴王经常会表现出一些示威行为，让那些妄图侵占自己领地的猴群知难而退。

奔跑、摇晃树枝是猴王最常采取的示威方式。由于白头叶猴生活在石灰岩地区，猴王一般会选择在石头和树枝之间拼命地奔跑、跳窜，并且用力地摇晃树枝，大声喊叫，好像在告诉周围的猴群："你们不要想打我的领地的主意，你们要是敢过来挑衅，可得小心了。"

猴王是想通过在岩石峭壁和树枝之间的狂奔，展示自己的竞争实力，实际上说明它体力很充沛，运动技巧好，而周围的猴群看到后，也就不敢贸然采取行动了，肯定会衡量一下自己的实力再做打算。这是白头叶猴猴群在竞争中普遍采取的策略，动物行为学理论上称此为进化稳定对策，也就是种群表现出来的主要行为对策。

刚刚摸透了猴王的脾气，在属于某个猴群的领地中，观察者发现了一只举止怪异的猴王，它好像是在示威，但和别的猴王的示威行为截然不同。

这只猴王究竟在干什么呢？它不像其他猴王那样坐在石头或者树梢等这些很容易被其他猴群看到的地方大声叫唤，而是悄悄躲在树丛里面发出叫声，叫声可以传到很远的地方，但是外面的猴群却看不到它。

这只猴王也不奔跑和摇动树枝，总是悄悄地从树丛里面冒出来，坐在岩石上面，大叫几声，突然很用力地跳到旁边的树丛里面，过了一会，它又从另外一个树丛里面悄悄冒出来，跳到岩石上坐下，依旧是大叫几声，然后又用力跳到树丛里面，发出类似摇动树枝的声音。如果不是跟踪观察，很容易误以为这里有一大群猴子在出没。

但是这只猴王看起来似乎已经不再年轻，动作的灵活性显然已经不如其他年轻猴王。难道就因为体力的缘故，所以老猴王只能消极地躲在树丛中或是坐在岩石上？猴群中的其他成员为什么不见踪影呢？

突然有一天，一个猴群出现在这个领地中，研究人员跟踪发现，这个猴群每个月都会在这个领地出现两三次。这一现象让研究人员之前的疑问慢慢消失。原来这个不经常出现的猴群才是这个领地的真正主人，老猴王只不过是寄人篱下，之前他的种种怪异行为也不难解释。

老猴王是从另一个猴群中被赶出来的。通常猴群的猴王老了，就会发生猴王更替，年轻的雄猴通过猴王争霸战打败老猴王成为新猴王，老猴王没有立刻被咬死，只是被迫离开这个群体，变成了流浪汉。它没有自己的领地，开始了颠沛流离的生活，刚好找到了这块以为没有猴群占领的领地，准备安享晚年。

谈进化的未解之谜

但是老猴王还要时时刻刻提防周围猴群的挑衅，它已经不再年轻，不能像其他年轻猴王那样用力奔跑、摇动树枝，因为它的速度肯定很慢，动作肯定很迟缓，所以它要尽量避开猴群，免得周围猴群看到它后，一眼就能判断出它是个老公猴，然后毫无顾忌地过来挑战，使它再一次面临被赶出去的危险。

跳动世界
——恒温的进化之谜

每个人和周围的人都有着这样或者那样的不同，比如年龄、身高、体重……但是在一个数字上，大家都一样，那就是体温大多为37℃。真是不可思议，我们的体温竟然会如此相似。

为什么我们的体温如此相似呢？是什么让我们的体温保持正常的水平呢？这是我们人类在进化过程中产生的迷惑之一，让我们一起跟随科技的脚步去探索吧……

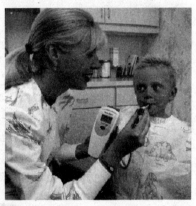

◆量体温

恒温现象

我们知道，人的体温不会随着地域改变。不论是住在北极冰天雪地下的因纽特人、栖身于非洲伊图里森林的俾格米人，或是北京街头漫步的行人，把温度计放在他们的舌头下，量出来的体温大

呼吸、流汗、排泄以及其他身体的功能都会有节奏地波动，主要目的就是要维持体温恒定。

谈进化的未解之谜

致都一样。不管是黄种人、黑种人、棕种人或是白种人，高或矮、胖或瘦、老或少、男或女；无论是刚满月的婴儿、20岁的运动员，或是百岁老人，他们的体温也都大致相同。

同时，我们的体温还有个性质，就是维持基本恒定。任凭你的肌肉发达或萎缩、牙齿正在生长或已经掉落，感受压力而心跳加倍、呼吸急促而胸口起伏，不自主地发抖或汗如雨下，但是体温仍然可以保持在一定的范围不变。在体温方面，人和人是如此相似，实在是太奇妙了。

动动手——量体温

动手量一量：

1. 把温度计甩到37℃以下。
2. 方法一：把温度计放在舌头下，或夹在两个指头之间量一量。
3. 方法二：把温度计放在口腔和肛门量一量体温。

对比得出来的体温数据，很快可以看到差别。

（方法一和方法二得出的体温差别不会很大，大概会在3℃～4℃之间。）

体温调节

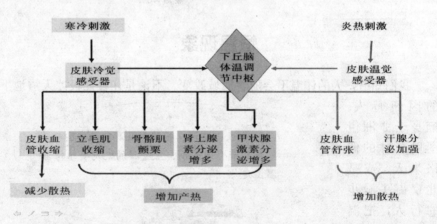

◆体温的调节

严格地说，37℃只是体温概略的数字，因为身体各部位的温度会略有

谈进化的未解之谜

差别。我们皮肤的温度通常比体内的温度大约低3℃～4℃。口腔和肛门的温度也不相同，后者的温度一般比前者高1℃。此外，由于活动所产生的器官的新陈代谢与血液流动的变化，也会使体温有所改变。

早在懂得测量体温以前，我们的祖先就已经猜想，身体里面最热的部位应该是"热血沸腾"的心脏。现在，经过科学测量，我们发现，和"热情"最扯不上关系的肝脏，温度却在38℃上下，反而荣登人体最热器官的宝座。

虽然我们的体温不会随着地域的改变而有太大改变，但是在一天当中，体温还是会稍有变化的，下午的时候体温会缓慢上升到最高点，一般会比在夜间最低的温度高出将近1℃，所以37℃仅是人体全天体温的平均值。

让我们的体温于大多数情况下保持在正常范围之内的调节机制，是由我们脑部深处的一个叫做"下视丘"的系统所控制。

如果下视丘的"体温测量报告"说：身体太冷了，皮下密布交织的小血管——微血管就会收缩，这样可以节省热量；假如它认为太热了，微血管就会扩张。同时，激素信息前往汗腺，命令汗腺透过皮肤的毛孔分泌水分，也就是汗水。身体冷了或热了，送往脑部的讯号会强烈建议：采取行动改变原来的状态，例如穿上衣服，或把衣服脱掉，目的始终都是要保持固定的体温，这就是所谓的"抑制作用"。进入下视丘的血液供应，可以即时检查这些已完成的调节作用，必要的时候，指示下视丘开始重新设定温度。

恒温进化之谜

哺乳类、鸟类以及其他的温血动物都具有恒定的体温。生物学上把动物分成"恒温动物"和"变温动物"两种。寒带的南极企鹅和热带撒哈拉沙漠的骆驼，它们的体温同样在37℃上下。这些迥然不同的动物为什么不约而同地选择了体温恒定的生活方式？

鸟类和哺乳类这些恒温动物，具有高新陈代谢率，从体内产生热，它们也具有精巧的冷却机制，可以帮助保持恒定的体温，而变温动物却没有办法做到这一点。但是这个规则仍有例外。例如，某些温血动物在冬眠期间，可以让自己的体温大幅降低。尽管如此，我们还是要问：大自然为什么会进化出恒温动物？

若要保持恒温，需要复杂的脑子对身体进行精密控制，所以在已知的物种中，只有非常小比例的生物采取这种进化过程。至于为什么这些物种会如此，科学家虽然还没有一个确切的答案，但对此提出了一些猜想。

一些人认为，脑在恒温下运作得最好，所以在长期的自然选择中，恒温的动物被选择下来。当然，脑部简单的低等动物，它们所选择的生存方法虽然不同，却都是对适应自己所处的环境最有利的。

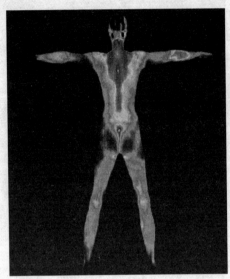

◆人各部分的体温不一样

只是对我们而言，恒温是最好的选择。

某些动物能够保持体温恒定的开始时间，几乎恰好和它们从水生变成陆生的时间相吻合。生存于水底下的生物，相当大的程度上，可以避开外界气候变化的影响。特别是在深水中，周围的温度几乎可以保持不变。反过来，生活于地表上的动物则必须承受一天 24 小时的温度变动，它们会经历夜晚和白天、雨天和晴天、刮风和暴风雨。因此，在地表生活的许多生物已经进化到可以快速随机应变的地步。

37℃之谜

其实脑部保持恒温，并不是恒温动物维持恒温性的唯一理由。很显然，温度升高时，化学反应一般会加快，所以让身体变成温度较高的恒温器，在某种程度上可以促进身体的活性。

这当然有一个限度。当过量的热排不出去，而信息又来得太快时，这个系统会瓦解。过去的几百万年中，人类以及其他哺乳类，还有鸟类，似乎都发现了，最适宜我们运作的温度是在 37℃左右。

人们又要进一步发问：就算保持恒定的体温，可以使人体的运作最稳定，那么为什么温度需要设在 37℃呢？

談進化的未解之謎

有人觉得，对气候的适应，是我们体温保持在 37℃ 的理由。但是一个事物的产生不可能只是因为一个因素的影响，还有更多的理由等着我们去探索。

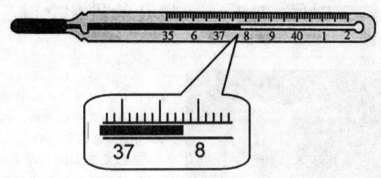

谈进化的未解之谜

一"通"天下——鼻孔的进化之谜

◆挖鼻孔

你知道吗，鼻孔最初不是用来呼吸的，那用来干吗的呢？很少有人关注鼻孔的作用，但是它给科学界带来的争议可不小。

鼻孔是怎么进化而来的呢？它除了呼吸还有什么作用呢？让我们一起来研究研究吧。

谈进化的未解之谜

鼻孔的进化

你知道吗，鼻孔最初不是用来呼吸的，它只有闻味功能。如今，我们的鼻孔不只是用来闻，更重要的是用来呼吸。

鱼类的两对鼻孔仍然是进出水的通道，不能用来呼吸。而人类的鼻孔却发生了巨大变化，竟然渐渐形成了一个呼吸通道。学术界对人类鼻孔的起源，一直争论不休。

中国科学家朱敏和瑞典科学家佩尔·阿尔贝里发现，云南境内的一种肯氏鱼化石表明了人类鼻孔进化的过程，这个发现结束了学术界关于鼻孔的争论。

生活在距今3.9亿年前的肯氏鱼，是最原始的四足形动物。科学家发现，肯氏鱼化石外鼻孔正向内鼻孔位置"漂移"。

四足形动物也叫陆生脊椎动物，包括人类、鸟类以及两栖动物等等，它们都是由鱼类进化而来的。四足动物为了适应新的环境，自身系统的很多特征必须要随之转变。

　　比如，鱼类从水中到陆地，将靠鳍游泳转变成四肢行走，在陆地上要克服重力的影响，于是四肢发育开始变化；另外一个重要转变就是，由鳃呼吸变为肺呼吸，在空气中要建立新的呼吸通道，因为外鼻孔已不能满足自身的需要。

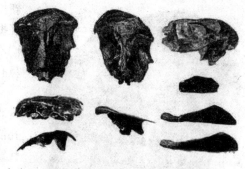

◆肯氏鱼化石外鼻孔正向内鼻孔位置"漂移"

　　包括人类在内的所有四足动物都靠肺来呼吸，因此它们必须要有一个和外鼻孔相通的内鼻孔，这样才能让外面的空气顺利地进入到肺，保证动物对氧气的需要。内鼻孔正好形成了鼻腔和口腔之间的一个通道，这样才使我们吃饭和睡觉的时候，也能照常呼吸。内鼻孔是四足动物适应陆地生活的重要特征之一，但它的起源过程一直是学术界争论的问题，

　　科学界存在着两种观点，一种观点认为，内鼻孔由外鼻孔演化而来；另一种观点认为，内鼻孔是新生的构造。

　　20 世纪 30 年代，瑞典著名古生物学家雅尔维克教授认为：内鼻孔是四足动物新生的一个构造，内鼻孔和外鼻孔之间没有任何联系。持这种观点的科学家认为，鱼类的进化过程中，其中有一对外鼻孔逐渐消失，而后

谈进化的未解之谜

◆生活在距今 3.9 亿年前的肯氏鱼，是最原始的四足形动物

◆肯氏鱼

新出现了一对内鼻孔。他们所持有的证据是：从孔鳞鱼类化石中发现，它们不仅有一对内鼻孔，还具有两对外鼻孔。这就是著名的"三孔理论"。

与此同时，也有学者提出另外一种观点：鱼类的内鼻孔是由一对外鼻孔演化而来的，其中最难解释的是，孔鳞鱼类化石中的"三对鼻孔"。由于缺少有力的化石证据，这种观点在当时并未得到广泛支持，内鼻孔的起源问题成了一个悬而未决的问题。

20世纪80年代初，我国著名古生物学家张弥曼院士在云南曲靖发现一种肉鳍鱼类化石——杨氏鱼，它与孔鳞鱼类有很多相同的地方。这项工作再次引发学术界对内鼻孔起源问题的关注。

按照传统的观点，杨氏鱼也应该有内鼻孔，但张弥曼院士对杨氏鱼吻部仔细研究后发现，"杨氏鱼只有两对外鼻孔，而过去认为的内鼻孔根本不存在"。这一发现立即引起国内外科学家的热烈讨论和反思。研究表明，在有两对外鼻孔的鱼类（比如孔鳞鱼类）中，所谓的"内鼻孔"并不存在。这就为"内鼻孔从外鼻孔起源"学说解开了一个困惑。

虽然否定了"三孔理论"，但是当时的研究仍然没有回答内鼻孔起源的问题。所有外鼻孔在前上颌骨的位置会形成一个颌弓，外鼻孔在颌弓外，内鼻孔则在颌弓内，从外到内的转变很显然需要一个过渡阶段，这就需要找到过渡的有力证据。

我国科学家找到鱼类化石，证实内鼻孔确实由外鼻孔"漂移"形成。

20世纪90年代初，在"鱼的故乡"，张弥曼院士和朱敏博士又发现了一种古老的鱼化石。它生活在距今3.9亿年前，是最原始的四足形动物，它，就是肯氏鱼。比肯氏鱼更古老的鱼，有两对外鼻孔；而比肯氏鱼更先进的鱼，已形成了一对外鼻孔和一对内鼻孔，这样一来，肯氏鱼的位置就成为鼻孔进化的关键。然而，由于当时化石材料的限制，肯氏鱼的初步研究并没有特别的结果。

谈进化的未解之谜

2000 年以来，朱敏博士领导课题小组连续几次在野外发掘，发现了大批新化石。通过细致的标本修理和研究，他们在对肯氏鱼的研究上获得了重要进展。这一次，他们幸运地发现，肯氏鱼正处于从外鼻孔向内鼻孔过渡的阶段。

过去一直很难解释，外鼻孔如何从头外侧"漂移"到内侧形成内鼻孔的？它们如何跨越鱼类上颌骨和前上颌骨之间的颌弓？有意思的是，肯氏鱼内鼻孔的位置恰好就处在外鼻孔向内鼻孔"漂移"的位置上，漂移的时候正好是前上颌骨和上颌骨裂开的时候，它们之间有个裂口，这个裂口就是肯氏鱼内鼻孔的位置，裂开的阶段正好符合这个漂移特点。这就取得了化石上的一个实证。这意味着，在肉鳍鱼类进化中，存在一个上颌骨和前上颌骨裂开然后又重新相接的过程，这为鼻孔的"漂移"提供了通道。肯氏鱼为这一解释提供了实证，并确立了内鼻孔和后外鼻孔之间的同源关系。

和这个道理十分类似，人类在胚胎发育初期，上腭的同样位置也会出现一个缺口，正常的胎儿会在发育后期闭合，如果有的胎儿发育不完整，那么这两个部位就连接不起来，出生后就会呈现兔唇。

小故事——拉蒂迈鱼的故事

长期以来，科学界一直以为总鳍鱼类在白垩纪期就已灭绝，但 20 世纪 30 年代末，一个名叫拉蒂迈的女子打破了这一"死寂"。

拉蒂迈小姐是一个解剖学教授的助手，经常到海边收购鱼类制作标本。1938年 12 月，圣诞节将至，教授回家度假，拉蒂迈却没有停止工作。22 日这天，她又来到渔港，在一筐刚打上来的鱼里翻看。忽然，一条鱼引起了她的注意。一般鱼的鳍都直接长在身体上，可这条鱼的鳍却长在附肢状结构上。拉蒂迈立即买下了这条鱼。可当时学校实验室封了门，情急下她买了几斤盐，将这条鱼像腌咸鱼一样保存起来。教授回来后，这条珍贵的"咸鱼"只剩下鱼皮和鱼刺了。

即使如此，教授还是马上进行了研究，原来被认为已经灭绝了 1.2 亿年的动物突然被发现仍生存在地球上，而且这种动物还和包括我们人类在内的所有四足形动物有关。为了纪念拉蒂迈小姐对科学做出的重大贡献，教授将这条鱼命名为"拉蒂迈鱼"。

谈进化的未解之谜

管中窥豹——眉毛的进化之谜

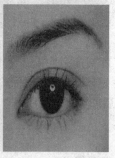

◆各种各样的眉毛

人们常说，眼睛是心灵的窗户，那么我们可以把眉毛看成是窗帘；眼睛是人生的一幅画，那眉毛就是画框。眉毛在进化的过程中还有作用吗？是不是几百年之后人类就会没有眉毛了？或是现在眉毛就已经没有作用，可以把它剃掉了吗？眉毛真是和人的性格有关吗？看一个人的眉毛就知道他的性格？

眉毛的存在，在进化史上成了一个难以说清的谜。让我们一起来辨析有关眉毛的说法吧。

意大利著名画家达·芬奇创作的《蒙娜丽莎》以其神秘闻名于世。这幅画不仅成为法国卢浮宫"镇馆三宝"之一，蒙娜丽莎神秘的微笑还引发后人猜测和研究。人们好奇她微笑的含义、她的身世、她和达·芬奇的关系，以及与她有关的一切细节。

许多人纳闷：为什么画作上的蒙娜丽莎没有眉毛和睫毛？一名法国工程师不久前解开了这个谜。

蒙娜丽莎眉毛之谜

法国工程师帕斯卡尔·科特利用自己设计的高清晰度数码相机为《蒙娜丽莎》拍照后得出结论：达·芬奇画上的蒙娜丽莎应该有眉毛和睫毛。科特利用这一相机为《蒙娜丽莎》拍摄了一幅高清晰度照片。相机利用包括紫外线和红外线在内的各种技术手段，拍出了一张 2.4 亿像素的照片。

照片每英寸像素达到 15 万，也就是说，照片上蒙娜丽莎的面部大小是画作上的 24 倍。科特惊喜地发现，在蒙娜丽莎消失的左眉位置上有一根眉毛的油墨迹。

"有一天我说，如果我找到一根眉毛，就算只有一根眉毛，我都无疑找到了达·芬奇最初给蒙娜丽莎画了眉毛和睫毛的证据。"科特说。

然而，如果蒙娜丽莎最初有睫毛和眉毛，那么为什么人们今天所看到的画上，睫毛和眉毛却不见了呢？对此，科特的猜测是：可能由于《蒙娜丽莎》创作的年头久远，颜料褪色或有人在清洁画作表面时不小心将蒙娜丽莎的眉毛和睫毛擦掉。

◆《蒙娜丽莎》草图

"如果你近距离地观察蒙娜丽莎的眼睛，你能清楚地看到她眼睛周围的（颜料）裂痕有所消退，那也许能够解释，有一天博物馆馆长或画作修复人员在清洁画布时，可能擦掉了她的睫毛和眉毛。"科特说。

在寻找蒙娜丽莎眉毛和睫毛的过程中，科特还有了意外的收获。

在红外线照射下，科特发现，在最初创作时，蒙娜丽莎左手手指的位置和画作最后画好时略有不同。

科特说，这可能与达·芬奇创作《蒙娜丽莎》时所画模特膝盖上盖着的毯子有关系。人们如今所看到的《蒙娜丽莎》，毯子已被画家模糊处理掉，但在用高清晰度相机所拍摄的照片上，毯子清晰可见。

◆《蒙娜丽莎》

谈进化的未解之谜

"这是我们第一次发现蒙娜丽莎胳膊姿势的奥妙，"科特说，"在达·芬奇之后，数以千计的画家都临摹过蒙娜丽莎的姿势，却没人知道为什么她做出这种姿势。真正的原因是，她的手腕之所以那样是为了用毯子遮住她的肚子。对我来说，这真的是一个伟大的发现。"

科特对《蒙娜丽莎》研究的最重要发现是，他找到了《蒙娜丽莎》在创作之初画面原本的色彩。蒙娜丽莎本人的肤色应该是暖粉色，她身后的天空应该是生动的蓝色，而不是现在人们所看到的灰绿色。科特认为，画面目前展现出的深绿色背景，是 500 年岁月中油墨颜色沉淀的结果。

科特还从他所拍摄的照片上发现，如今，蒙娜丽莎的笑容比达·芬奇当初所画的笑容角度略小，她脸的面积也稍稍"缩水"。

眉毛的预示

长在眼睛上方的眉毛，具有美容和表情作用，能丰富人的面部表情，双眉的舒展、收拢、扬起、下垂可反映出人的喜、怒、哀、乐等复杂的内心活动。在中国文学里，有很多形容眉毛的，如：扬眉剑出鞘、眉飞色舞、剑眉入鬓、眉头紧锁、喜上眉梢、柳叶弯眉、眉目传情等等。古代也将"蛾眉"用作绝代佳人的代称。屈原的《离骚》中有"众女嫉余之蛾眉兮"这样的描绘，白居易的《长恨歌》写道："宛转蛾眉马前死。"

经典名言

《黄帝内经》："美眉者，足太阳之脉血气多，恶眉者，血气少也。"

由此可见，眉毛长粗、浓密、润泽，反映了足太阳经血气旺盛；如眉毛稀短、细淡、脱落，则是足太阳经血气不足的象征。眉毛浓密，说明其肾气充沛，身强力壮；而眉毛稀淡恶少，则说明其肾气虚亏，体弱多病。

根据上面的分析可以推测，眉毛可以看出一个人的某些身体状况。

眉毛还有另外一个功能，它是眼睛的"卫士"，是眼睛的一道天然屏障，对眼睛有很好的保护作用。当脸上出汗或被雨淋了之后，它能把汗水和雨水挡住，防止流入眼睛刺激眼睛，也能阻挡眼睛上方落下来的尘土和异物。

广角镜——有关眉毛预测人的性格

有些人认为，透过眉毛可以知道一个人是什么样的性格。我们来看看他们的看法。

粗眉的人较男性化，性情积极而好冲动；细眉的人比较女性化，性情消极，优柔寡断。新月眉看起来漂亮，但若是男性长了这种眉毛，他的性格一定比较懦弱。此外，粗眉的人往往会得到双亲的庇护。

眉梢比外眼角长的人，会体谅别人并有雅量，经济上比较充裕。眉毛短的人与双亲缘分较薄，夫妻之间的缘分亦极浅。

浓眉的人运道很好，不论他处于哪种阶层，他都能一直十分活跃。但如果眉毛过浓的话，这种人便有高傲、狡猾的趋向，往往是自我中心主义者。相反，眉毛稀少的人性情较稳健，知识较丰富，但这种人缺少进取心与指导性。

眉梢往上的人，自尊心与个性均极强，一向拒绝妥协，缺少协调性。这一点既是他的长处，也是他的短处。当他需要有豪气和果断时，他能迅速地施展其手段而崭露锋芒。这种人往往会得到别人的敬仰。

柳叶眉和一字眉：柳叶眉的人性格温柔而且有智慧，能够孝敬父母，与兄弟和睦相处。一字眉的人性格坚强，行动比较男性化。有较宽的一字眉的人具有胆识。

近眼眉和远眼眉：眉毛与眼睛相距较近的人，做事较沉不住气，同时大多比较阴险。眉毛距离眼睛较远的人，性情比较温和，而且显得气宇轩昂，是长寿之相。

眉间宽：左右两眉的间隔（相学中称之为印堂）较宽的人，较稳重而且长寿，因为肚量大、视野广，对任何事情都不会过分计较。

眉毛的排列：眉毛按同一方向排列而又有光泽的人非常幸运，为人也十分诚实。

眉毛浓稀适当，同时排列又十分匀称整齐秀丽的人，命运极好。眉毛相当长，同时长过外眼角的人有富贵之命。

这些说法至今都没有得到科学的验证，是没有科学依据的。一个人的性格和他的生活环境及后天的学习是有很大关系的，而和眉毛的样子则没有绝对的关联。

谈进化的未解之谜

眉毛的未来

眉毛在人的身体上虽然有一定的作用，却不是不可缺的，因此，很多人猜测，人类会不会在经过几百年的进化之后，眉毛就消失了呢？还有人想知道，我们人类经过了几千万年的被进化后，身上的器官都有其作用，那么眉毛还有什么其他作用没被我们发现吗？这些疑问都等着人们去发现……

动动手——光头村事件

我国贵州的一个山村里发生了一件非常离奇的怪事，村民一觉醒来梳头，头发便一堆堆掉下来，之后眉毛也跟着掉光，且双目失明。全村村民男女老少都是如此。这是为什么呢？去网上查查看吧。

1. 去搜索网站；
2. 搜索："贵州眉毛之谜"查查看看吧。

谈进化的未解之谜

见证奇迹

——动植物进化的未解之谜

　　不仅仅是人类的世界很复杂，动物和植物世界也是如此。世间的各种植物、动物为了生存下来，都进化出各种各样有利于生存的本领，它们的变化令人难以以平常的思维来进行想象。

　　动物的世界、植物的世界，多姿多采艳丽缤纷的背后又有哪些迷人的未解之谜呢？让我们一起走进神奇的动植物世界吧……

通讯工具
——神秘的动物语言进化之谜

语言是沟通的桥梁、交流的工具，语言是一门艺术、一门学问。语言的使用，促进了人类的思维，使得大脑更加发达。语言的使用，也促进了劳动经验的交流和积累，从而加速了生产力的发展。

语言是生活的一部分，语言的使用关系不仅仅只存在于人类，生物之间都拥有它们特殊的语言。让我们一起去感受它们的语言、它们的沟通世界吧……

动物有语言吗？在动物界中，的确有"语言"存在，这是一门非常引人入胜的学问。有些科学家毕生都在和动物交流，记录、分析动物的"语言"，从中了解这些"语言"的含义，了解动物是怎样交换感情和信息的。他们的工作已经获得了很大的成绩。

◆语言的魅力

动物的语言简单

动物也有语言，和人类的语言相比，动物的"语言"要简单得多。在同种动物之中，它们使用"语言"来寻求配偶，报告敌情，也可以用来表示友好、愤怒等感情。

春天，是猫的发情期，一到晚上，猫就会出去寻找配偶，人们常可以

◆蜜蜂的语言

◆黑长尾猴

听见猫拖长了声调的叫声，这是在吸引异性。黑猩猩看见食物会发出声音。蜜蜂之间的"交谈"，是通过舞蹈振动翅膀的声音来表达的。振翅声的长短，表示蜂巢到蜜源距离的远近，振翅声的强弱则表示花蜜质量的好坏。这样，蜜蜂就能通过"舞蹈语言"和"振翅语言"把蜜源的方向、距离、蜜量多少等信息通报给伙伴。

黑长尾猴看见一条蛇的时候，会发出一种警告声，并一直紧盯着这个入侵者；若是听到花豹来临的警告信号，它们会急急忙忙地冲向树冠层上最纤细的树枝，花豹是不可能爬到那里去的；如果来的是老鹰，听到警告声后，它们便会找到最茂密的树丛，躲在里面，直到危险过去。三种不同的警报，使得黑长尾猴的自我保护系统更加有效。

小书屋

　　狒狒是一种低等灵长目动物。根据科学家的分析，狒狒的语言已经很复杂，它由声音和动作两个部分组成。在动作上，狒狒可以有十几种眼神，它的眼、耳、口、头、眉毛、尾巴都可以做出动作，表示出友好、愤怒等感情。如此丰富的声音和动作，组成了狒狒复杂的"语言"系统。

谈进化的未解之谜

小故事——语言的魅力

明代有个文学家叫李梦阳，他在江浙一带督学时，发现有个考生和他同名同姓，便找来询问。考生知道自己与督学同名，便很忧虑，可转念一想自己又不是故意这样的，便不卑不亢地回答："名乃家严所取，不敢擅改。"李梦阳是有意想考考年轻人的才学，便出上联命考生作对。上联是"蔺相如，司马相如，名相如，实不相如。"考生思考片刻，便朗声答道："魏无忌，长孙无忌，彼无忌，此亦无忌。"出句和对句都巧用历史人名，贴合当时情境。出句化用"相如"，隐含你我虽姓名相同，但资历、学识、声望你却远不如我的意思；对句化用"无忌"，隐含古人不忌讳同名，你也不应该计较我和你同名同姓之意。上下联不仅对仗工稳，浑然天成，而且绵里藏针，唇枪舌剑，暗含讥讽和劝谏，确实令人拍案叫绝。这就是语言的魅力，它可以让人跳，也可以让人笑。

动物语言的方言

自然界许多动物和人类一样，具有通过声音进行种间、种内交流的功能，这种功能称为动物的"语言"。人类的语言中存在方言，一个南方人到北方去，或者一个北方人来到南方，会一时听不懂那一边的方言。不同动物的地方种群也存在着不同的"方言"，不同的地方种群形成了自己特有的通讯信号。美国宾夕法尼亚大学的佛林格斯教授研究了乌鸦的语言，而且将它们的语言用录音机录制下来。当成群的乌鸦从天上飞过时，佛林格斯教授在地上播放先前录制的乌鸦的"集合令"，这时乌鸦群就乖乖地降落在地上。当他将乌鸦的"集合令"录音带带到另一个国家去播放时，就不灵了。他发现，居住的国家和地区不同，乌鸦的语言也不一样，法国的乌鸦对美国乌鸦的"讲话录音"就是一窍不通，甚至对它们的报警信号也毫无反应。河南的东方蝼蛄

◆土拨鼠的语言

谈进化的未解之谜

鸣叫的主频率为 2.5kHz，脉冲率 167 次/秒；而北京的东方蝼蛄鸣叫的主频率为 1.4kHz，脉冲数 77 次/秒。当把两者鸣声互相播放给对方时，它们相互之间听不懂，而把它们的召唤鸣声在本地播放时，就会产生明显的行为反应，它们会一个接着一个地飞向声源处。土拨鼠具有独特的语言方式和不同的区域"方言"，小鸡会发生不同的叫声，大象会发出人类听不到的次声低频音波。动物之间的交流沟通可表达多种情感，比如爱意、生气和忧虑等。

知识链接

对于这种广泛存在于动物界的"方言"，其形成过程及原因尚待进一步研究。这对于我们研究和认识动物的声通讯，以及声通讯在生物学中的作用都具有很重要的意义。

谈进化的未解之谜

动物语言的作用

◆海豚

研究动物的语言，特别是化学语言，最现实、最普遍的意义在于对有益的动物进行科学的管理。例如科学家利用鸟的"语言"来驱赶鸟类。在飞机场的附近，大量鸟的存在是很危险的，万一它们和正在起飞或降落的飞机相撞，会造成不堪设想的后果。机场人员设法录下了鸟群的报警信号，并且在扩音器中不断播放，使得鸟群惊恐万分，远走高飞。科学家也正在利用鱼的"语言"来捕鱼。凭借高水平的声呐仪来探测鱼群的位置，指导渔船下网，还可以人工模拟能吸引鱼的声音，如小鱼在活动时的声音，用来引诱鱼群靠近。人类在寻找宇宙中的生命时，也考虑过和天外生命"对话"的问题。但用什么语言和他们交谈呢？有科学家建议使用"海豚语"，如果科学家的假设能实现，那将是一次很有意义的进步。

讲解——为什么要用"海豚语"？

海豚是海洋动物中的"天才"，是动物王国里十分聪明、勤快和非常善解人意的动物，身怀多种多样的"技能绝招"。它比猴子还要聪明，有些技艺猴子要经过几百次训练才能学会，而海豚只需要20多次练习便能学会，因此被称为"海人"。它会表演顶球、跳高、钻圈、救护、空中接食等动作，是海洋水族馆里最受欢迎的演员。海豚经过特殊训练后，还会成为人类出色的助手。1965年，美国科学家驯养的一只名叫达菲的海豚，能把报刊书信从海面送到海底实验室，还为火箭靶场从太平洋海底找到贵重的回收装置。海豚有自己的语言。它们过着群居生活，由于水下光线微弱，视物不清，主要靠声音来传递信息，因此耳朵特别灵敏。它们会发出弹拨声，利用回声来定位。近年来，日本科学家发现海豚的语言共有16种类型，有"普通话"，也有"方言"。海豚经过训练，能学会简单音节，懂得人的语言，并同人进行简单"交谈"。

据《新科学家》报道，一只名为"坎兹"的非洲倭黑猩猩在实验室中令人惊奇地发声说话，这是科学家首次发现猩猩能像婴儿一样，用不同的发声表达不同的意义，"动物没有语言能力"这一科学论断由此遭到巨大挑战。

◆倭黑猩猩坎兹

在一份长达100小时的录像带中，可以看到"坎兹"不同时期与人沟通的情形，能分析出"坎兹"在不同年龄段的发声也是各不相同的。科学家精选了其中一些典型片断，确切地记录了猩猩"坎兹"一些表达清晰的举止。比如，当"坎兹"想吃香蕉的时候，它会作出"grapes"（葡萄）的表示；或者当听到让它出笼的要求后，会自觉地爬出笼子。

据塔克里特拉和若班思证实，"坎兹"能够说出4个不同意义的单词：banana（香蕉）、grapes（葡萄）、juice（果汁）和yes（是）。在说出这些

谈进化的未解之谜

单词时，"坎兹"声音的音调趋于一致。塔克里特拉对此表示："我们没有教它这些单词的发音，它是自己'领悟'到的。"

"坎兹"从小便和人类生活在一起，熟悉各种人类社会相互沟通的符号用语。生活在乔治亚州立大学的它，还能够说一些英语，还能对一些诸如"从笼子里出来"、"你想吃香蕉吗"等短语立即作出反应。

负责"坎兹"研究工作的科学家观察到，当他们和"坎兹"交流时，"坎兹"能发出一些起伏有异的音调。塔克里特拉说："我们正在研究这些极有韵律感的声音产生的原因。"

塔克里特拉的实验室里有至少7只供研究的倭黑猩猩，其中一些根本得不到专门的语言训练。科学家在研究"坎兹"时注意到，它看来有意识地模仿人类的发声。科学家米特里和沃勒都不赞成马上对"坎兹"的现象下结论，接下来会有更多针对"坎兹"的科学研究。"坎兹"被称为懂得语言，而"语言"在不同情况下是有多种解释的。

可以确定的一点是，"坎兹"仍然是第一个能确切证明猿类能够"说话"的猩猩。沃勒说："'坎兹'的发声明确地表示具体事物和意义，这一点非常罕见。"

此外，"坎兹"现象为研究动物的语言提供了重要线索，启迪科学家思考人类语言的起源问题。米特里对此表示："动物的语言研究能帮助我们了解人类的进化过程，对于灵长类动物的研究因而显得格外重要。"

谈进化的未解之谜

与时间同行——树的年轮之谜

年轮

自然界的生物会随着时间的变化而变化，每当过了一年，人就长了一岁，用年龄来表示。人有年龄，那么树木呢？它用什么来表示？树用年轮来表示。树在锯倒之后，从树墩上可以看到许多同心轮纹，一般每年形成一轮，故称"年轮"。每过一年，树就记录了一年时间，树的年轮是和时间同在的。

◆树的年轮

年轮是怎么形成的？它又是怎样把大自然的变化记录在身的呢？它是怎么和时间同行的呢？也许你也曾有过这样的疑问吧，那就一起来探索神奇年轮的秘密吧……

年轮的形成

植物生长由于受到季节的影响而具有周期性的变化。在树木茎干韧皮部的内侧，有一层细胞生长得特别活跃，分裂快，能形成新的木材和韧皮部组织，这一层称为"形成层"，树干增粗全是它活动的结果。春夏两季，天气温暖，雨水充足，形成层的细胞活动旺盛，细胞分裂较快，向内产生一些腔大壁薄的细胞，输送水分的导管多而纤维细胞较少，这部分木材质地疏松，颜色较浅，称为"早材"或"春材"。夏末至秋季，气温和水分等条件逐渐不适于形成层细胞的活动，所产生的细胞小而壁厚，导管的数目极少，纤维细胞较多，这部分木材质地致密，

◆树的年轮线

谈进化的未解之谜

颜色也深，称为"晚材"或"秋材"。每年形成的早材和晚材，逐渐过渡成一轮，代表一年所长成的木材。在前一年晚材与第二年早材之间，界限分明，成为年轮线。

你知道吗？

据历史资料得知，亚里士多德的同事就曾提到过年轮，不过直到达·芬奇才第一次提出年轮是每年增加一圈的。

树木年代学

谈进化的未解之谜

◆树木传递信息

年轮——树木这种独特的"语言"，不仅能为人们提供树木的年龄，还能记录和提示很多自然现象。19 世纪 90 年代末，美国科学家道格拉斯创立了一个新的科学领域——树木年代学，旨在获取代用资料，重建环境因子过去变化的史实。树木年轮的形成与变异是树木生长的主要特征之一，它除了受树木自身的遗传因子影响外，还受环境因子制约。因此，从树木年轮的宽度、密度，以及其中稳定同位素和重金属元素等要素的变化，可以获取环境因子变化的可靠信息。

树木年代学是以树木年轮生长特性为依据，研究环境对年轮生长影响的一门科学。

鉴于树木年轮资料具有定年精确、连续性强、分辨率高和易于取样等特点，长期以来受到高度重视。尤其是近10多年来，随着气候变化和环境变迁研究的迫切需要，计算技术和分析手段的不断加强，在全球变化和环境研究方面，树木年轮分析已在世界范围内成为重要的技术途径。它不仅可以制成年轮年代表，用作判定年代，而且更多的是依据年轮状况作为环境变动的"记录器"，探讨各种环境因子在过去年代甚至在不同季节的变化。目前树木年代学已取得很大进展。最为突出的是采用树木年轮分析重建局部地区的气候要素变化，并用以推断大尺度环境场的变化。其次在获取水文要素、环境污染和冰川进退等连续性变化的代用资料，以及推断地震、火山、滑坡、泥石流和森林火灾等突发事件发生的年代、危害范围与程度等方面，树木年轮分析发挥着越来越大的作用。

链接

树木吸收二氧化碳并释放氧气，吸收有毒气体和检测大气污染物；树木美化环境，提供木材，维持生物圈碳—氧平衡；树木产生微风驱散大气污染物，涵养水源和保持水土，防风固沙，调节气候；树木驱菌和杀菌，阻滞粉尘，消减噪声，吸收放射性物质。

年轮记录自然历史

1899年9月，美国阿拉斯加的冰角地区曾发生过两次大地震。科学家经过对附近树木年轮的分析研究，发现树木在这一年的年轮较宽，说明树木在这一年的生长速度较快。科学家认为，这是由于地震改善了树木的生态环境。他们还发现，由地震造成的树木倾斜、树根网系的分崩瓦解等现象，也都在年轮上有

◆霜冻时的树木

谈进化的未解之谜

所反映。年轮还可以提供过去年代火山爆发的记录。在树木的生长期，当气温降到冰点以下时，霜冻会给树木造成损害，年轮内就会出现疤痕。这种寒冷气候常常与火山爆发有关。因为火山爆发会把尘埃和其他一些物质喷入大气层，遮住阳光，使地球的温度降低。因此，通过年轮内的疤痕可以判断火山爆发的时间。

骇人听闻——世界最毒动物

根据生活常识，也许你已经知道一些怎么辨别生物是否有毒的方法。比如说判断一条蛇是否有毒，你可以观察蛇的肤色，皮肤颜色鲜艳的有毒可能性较大；看蛇的头部，若头部是呈三角形，很可能有毒；辨别蛇的尾部，如果尾部是突然变细的，则说明它有毒。而遇到有毒的生物，聪明的方法是避而远之。

如果说上面列举的动物的毒性很强，那么接下来要在你面前上演一场毒性大赛秀的动物们将让你大开眼界。让我们带你一起走进最毒动物世界，了解谁是真正的毒王吧……

◆钟馗祛五毒铜钱

最毒动物之一——鸡心螺

鸡心螺的毒素通常都是针对小鱼的。由于人类和鱼有着相似的神经系统，这使人类同样易于受到鸡心螺的侵害。一只鸡心螺的毒素足以杀死10个人。有试验显示：鸡心螺的受害者在死亡前并没有什么痛苦。科学家在鸡心螺的毒素内发现了100多种化合物，其中就有阻

◆鸡心螺

断神经系统传递信息的化合物，这种化合物使得生物体在死亡时因为神经系统无法传递信息而没有任何感觉。

谈进化的未解之谜

万花筒

　　鸡心螺在捕猎的时候，会把身体埋伏在沙子里，仅将长长的鼻子暴露在外面，这样不但能够获取氧气，还可以监视猎物的动静。它的尖端部分隐藏着一个很小的开口，可以从这里射出来一支毒针，足以使受伤者一命呜呼。

最毒动物之二——箱水母

◆箱水母

　　箱水母主要生活在澳大利亚东北沿海水域，经常漂浮在昆士兰海岸的浅海水域。一般的箱水母是可以安全食用的，最毒的是箱水母的变种。

　　箱水母被认为是目前世界上已知的、对人类毒性最强的生物之一。成年的箱水母有足球那么大，蘑菇状，近乎透明。它的身体两侧各有两只原始的眼睛，可以感受光线的变化，身后拖着 60 多条带状触须。这些触须正是使人致命之处。它能伸展到 3 米以外，每根触须上密密麻麻地排列着囊状物，每个囊状物又都有一个肉眼看不见的、盛满毒液的空心"毒针"。一个成年的箱水母，触须上都有数十亿个毒囊和毒针，足够用来杀死 20 人，可见毒性之大和杀人之狠。它的触须上还有感受器，能识别鱼虾或人的表皮上的蛋白质。当箱水母发现猎物时，它就快速漂过去，用触须把猎物牢牢缠住，并立即用毒针喷射毒液。毒液一旦喷射到人的身上，皮肤上就会立即出现许多条鲜红的伤痕，毒液很快就侵入到人的心脏，只需 2～3 分钟就会致人死亡，连抢救的时间都没有。

小书屋

　　钟馗祛五毒铜钱是指在中国北方一些地区，如陕西、河北、山西、北京等地，端午节时人们佩戴的钱币挂件，其寓意是避邪驱恶、防疫防病。五毒指蜈蚣、蝎子、蛇、蟾蜍、壁虎。

最毒动物之三——石头鱼

　　其貌不扬的石头鱼属于鲉科，身体厚圆而且有很多瘤状突起，好像蟾蜍的皮肤。它身长只有 30 厘米左右，躲在海底或岩礁下，将自己伪装成一块不起眼的石头，即使人站在它的身旁，它也一动不动，让人发现不了。它的体色随环境不同而复杂多变，像变色龙一样通过伪装来蒙蔽敌人，从而使自己得以生存。它通常以土黄色和橘黄色为主，

◆石头鱼

眼睛很特别，长在背部而且特别小，眼下方有一深凹。它的捕食方法很有趣，经常以守株待兔的方式等待食物的到来。它的硬棘（背鳍棘基部的毒腺有神经毒）具有致命的剧毒，如果不留意踩着了它，它就会毫不客气地立刻反击，向外发射出致命剧毒。它脊背上 12～14 根像针一样锐利的背刺，会轻而易举地穿透鞋底刺入人的脚掌，使人很快中毒，并一直处于剧烈的疼痛中，直到死亡。

谈进化的未解之谜

最毒动物之四——箭毒蛙

◆箭毒蛙

箭毒蛙是世界上最毒的两栖动物，具有某些很强的毒素。这种两栖类动物身体各处散布的毒腺会产生一些影响神经系统的生物碱。最毒的种类是哥伦比亚艳黄色的叶毒蛙属，仅仅接触就能伤人。毒素能被未破的皮肤吸收，导致严重的过敏。当地居民并不杀死这种蛙来提炼毒素，只是把吹箭枪的矛头刮过蛙背，使其沾上蛙毒，再放走它。

其他箭毒蛙就没那么幸运了。哥伦比亚有几个部落利用各种不同的箭毒蛙来提供毒素，以涂抹在吹箭枪的矛头，用以捕猎野兽。乔科人把尖锐的木棒插入蛙嘴，直到蛙释出一种有毒生物碱的泡沫为止。一只箭毒蛙能够提供50支矛浸泡所需的毒素，有效期限一年。显然，有毒的亮丽颜色使这些蛙能在白昼大胆捕猎，摄食蚂蚁、白蚁和住在热带雨林枯枝落叶层的其他小型生物。它们全年繁殖，在地面产下果酱般的卵团，由双亲之一守卫，并经常将之弄湿。新孵出的蝌蚪由双亲之一背往适合的水坑或树洞内培育成长。

小博士

箭毒蛙的警戒色：许多箭毒蛙的表皮颜色鲜亮，多半带有红色、黄色或黑色的斑纹。这些颜色在动物界常被用作一种动物向其他动物发出的警告：它们是不宜吃的。这些颜色使箭毒蛙显得非常与众不同——它们不需要躲避敌人，因为攻击者不敢接近它们。最致命的毒素来自南美的哥伦比亚产的科可蛙，只需0.0003克就足以毒死一个人。

最毒动物之五——钩吻海蛇

钩吻海蛇生活在波斯湾沿海到菲律宾及澳大利亚北部的海洋，体形较纤细，呈灰白色，具不连贯的浅蓝色斑纹，下颌的下方有一很大的铲状鳞，头部皮肤松弛，可以使口张得很大。它的毒性非常强，被它咬一口，所注射的毒液就足以毒死 50 个人。普通钩吻海蛇的毒性很大，非常危险，并且没有降解的药物。

◆钩吻海蛇

谈进化的未解之谜

默默无闻——根的趣谈

◆植物的根

大自然中的生命，都有其存在的意义和价值，并且和进化脱离不了关系。说到植物，植物有根、茎、叶、花、果实和种子，且各有各的本领，各有各的故事。

这一节里，将要讲述根的趣闻。说到植物的根，人们会想到《水浒传》中的鲁智深，他的力气大得出奇，竟然能把大相国寺的垂柳连根拔起。连根拔起垂柳为什么不容易呢？这是因为植物的根在地下分布得既深又广，根紧紧抓住大地，把植物固定在大地上，同时为植物的生长发育输送水分和养分。根作为植物的一部分，默默无闻地奉献，一般人对它了解得不多，其实，它也有不少奇趣呢！

根的生命力

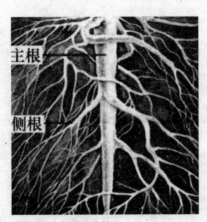

主根——
侧根——

◆植物的主根和侧根

如果有可能到地底一游的话，你会惊奇地发现，植物的根竟是如此发达！小麦的根最多可达 70000 条，总长 500 米以上；一株才长出 8 片叶子的玉米，根的数目在 8000～10000 条！生活在沙漠地区的骆驼刺，地上的茎充其量不过 0.5～0.6 米高，地下的根却可长到 5～6 米，最深可达 15 米。种子在发育时，胚根最先突出种皮，径直往下生长。

开心驿站

根的联想

　　每个人心灵深处也有"根"，它就是故乡。所谓的叶落归根，一个人不管漂流到多远，可是老了以后，还是要回到故乡，回到自己从小生长的地方。那里的一山一水、一草一木，都仿佛和你有着天生的血缘，都散发着你熟悉的气息。这种气息，会一直萦绕在你的生命里，牵引着你，呼唤着你，你距离它越是遥远，它就越是强烈。这就是每个人的心灵之根吧。

"无手雕刻家"

　　科学家曾经做了这样一个实验。先在地里挖了一个 30 厘米深的坑，然后将一块光滑的大理石平平地放了进去，上面用土壤盖好，然后在土中撒下一些芸豆种子。不久，芸豆苗出土了。等到芸豆的茎蔓上长出卷须来时，将土扒开，竟然发现芸豆苗的根紧紧地贴在大理石表面，原来光滑的大理石面被根"刻"上了纵横交错的纹路！

◆大理石纹路

植物根的作用

　　根的主要作用是固定植物体，并从土壤里吸收水分和无机盐。

　　根吸收水分和无机盐的部分主要是根毛。根毛的细胞壁很薄，细胞质紧贴着细胞壁形成一薄层，细胞的中央是一个很大的液泡，里面充满着细胞液。这样的构造是适于吸收水分的。根毛在土壤里的生长状况，也适于吸收水分。根毛在土壤里跟土粘贴在一起，土粒之间含有水分，水里溶解着无机盐，形成了土壤溶液。细胞液和土壤溶液有不同的浓度，在一般情况下，根毛的细胞液总比土壤溶液要浓，在渗透压的作用下，土壤溶液中

谈进化的未解之谜

◆树根之一

◆树根之二

的水分能够透过细胞壁、细胞膜和细胞质进入到根毛的液泡里。土壤里的水分就这样被根毛吸收进去。土壤里的水分被根毛吸收后，并不停留在根毛和表皮里，而是经过表皮以内的层层细胞，逐步向里面渗入，最后进入导管，再由导管输送到植物的其他器官。

根是植物长期适应陆地生活而在进化过程中逐渐形成的器官，构成植物体的地下部分。它主要的功能是吸收作用，通过根，植物可以吸收到土壤里的水分、无机盐类及某些小分子化合物。根还能固着和支持植物，以免倒伏。根是由主根、侧根和不定根组成的，并且按根系的形态，可将植物分为直根系和须根系两大类。

茎是种子植物地上部分的骨干，是联系根、叶的轴状结构，其主要功能是起输导和支持作用。根部从土壤中吸收的水分和溶于水的无机盐通过茎运送到地上各部。同时叶光合作用所制造的有机营养物质经过茎又运输到体内各部被利用或储藏。因此，茎的运输作用把植物体各部分的活动联成了一个统一体。

知识广播

芸豆的根为什么能成为"雕刻家"呢?

原因是植物的根在呼吸时吐出二氧化碳,这些二氧化碳溶解在土壤溶液中成为碳酸,然后再以离子交换的形式把大理石(主要成分为碳酸钙)分解成氧化钙和二氧化碳,氧化钙溶于水,随水被根毛细胞吸收。天长日久,大理石板表面就这样被"雕"出花纹来了。

小资料——奇异的变态根

有人曾在西藏某地挖到一个罕见的大萝卜,竟有 20 多千克!萝卜为什么会长这么大?原来,萝卜的膨大部分是植物的贮藏根,它是由主根发育而成的。植物学家把贮藏根——这种形态、结构和功能都发生很大变化的根,叫作变态根。植物的变态根除了贮藏根外,还有支柱根、板状根、气生根、寄生根和附着根等。玉米的茎上有许许多多不定根,它们起支撑茎干的作用,因而被称作支柱根。热带雨林中,很多高大的植物都长有结实的板状根,可以有效地防止大树倾倒。至于寄生根,除了榕树以外,吊兰和葡萄蔓上也可以见到。说到寄生根,最典型的是菟丝子,它吸附在其他植物体上,吸收现成的养料。长有附着根的植物多是热带丛林中的菊科植物,它们长出又扁又平的根,仅仅是为了附在大树的树皮上,"吮吸"树洞里或树干上淌下的雨水。

谈进化的未解之谜

植物食肉
——食肉植物进化之谜

◆捕蝇草

谈进化的未解之谜

植物在地球的生存环境中一直扮演着貌似弱者的身份。提到植物，也许你从来没有想过它能把动物吃掉。但是，不仅仅是小动物，很多野外探险者就曾经丧命于植物口中。也许，他们从来没有想过，我们这么聪明高级的人类会败在植物手下。

我们可不能小觑了某些植物的力量哦，它们可是经过历代的进化后，发生了很大的变化，我们一起来看看它们的本领吧。

大自然是神奇的，进化出形形色色的生物。在美丽外表下暗藏杀机的食肉植物就展现了大自然神奇的一面。为什么这些植物进化出这样的饮食偏好至今仍是个谜。科学家一直在对食肉植物进行观察研究，试图揭开其进化的奥秘。

植物食肉现象

听起来很不可思议，好像看恐怖片一样吗？但这些是事实哦。

食肉植物又称食虫植物。这种植物能借助特别的结构捕捉昆虫或其他小动物，并靠消化酶、细菌或两者的作用将小虫分解，然后吸收其养分。食肉植物能将捕获的动物分解，这个过程类似动物的消化过程。分解的最终产物，尤其是氮的化合物及盐类为植物所吸收。

食肉植物很稀少。维纳斯捕蝇草是几种能快速运动的植物之一。这种植物耐心等待美味到来，一旦昆虫进入它布下的陷阱，它就会突然闭合，利用齿状叶片猛地咬住昆虫。

猪笼草拥有一副独特的吸取营养的器官——捕虫囊，捕虫囊呈圆筒形，下半部稍膨大，因为形状像猪笼，故称猪笼草，昆虫一旦进入就不可能逃脱。

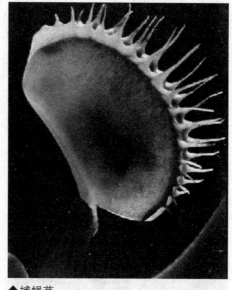

◆捕蝇草

植物食肉原因

这些稀有的植物在吸收阳光能量的同时还进化出捕食动物的能力，这对它们又有什么好处呢？为什么它们还需要这种本领呢？

它们捕食昆虫需要复杂的构造，例如丰富的花蜜、亮丽的颜色、独特的外形和消化酶等，科学家们猜测，形成这种构造对它们而言一定是代价高昂的。

不过，一项发表于美国植物学杂志的研究报告认为并非如此，该研究对亚洲猪笼草、维纳斯捕蝇草、茅膏菜和其他食虫植物进行了深入观察。

美国哈佛大学森林学会的亚伦埃里森和吉姆卡拉加吉斯组成了研究小

◆猪笼草

谈进化的未解之谜

◆猪笼草独特的器官——捕虫囊

◆茅膏菜

拿大，是最成功的猪笼草之一。

谈进化的未解之谜

组，他们认真测算了15种不同的食肉植物形成捕食昆虫构造的成本，并对它们进行光合作用的速度进行了对比。研究者计算出了这些植物多长时间就能得到放弃光合作用的回报。

研究小组比较了形成这种结构的成本与其他植物生长出枝叶所需要的资源量。研究小组惊奇地发现，在任何情况下，捕食都比长出普通的叶子成本要低。但是，捕食仍然需要很长的时间才能获益。食肉植物多数能进行光合作用，但它们光合作用的速度非常慢。"这些植物正在形成这种用来吸取养分的捕食方式。这简直是不可想象的。"埃里森说。就茅膏菜来说，这种植物进化出极具黏性的触须能够吸引和捕捉昆虫。

大部分食肉植物都生长在潮湿荒地、酸沼、树沼、泥岸等水分丰富而土壤呈酸性、缺乏氮素的环境。无论水生、陆生或两栖，食肉植物均有相似的生态特点。大部分食肉植物是多年生草本，高不过30厘米，多数长仅10～15厘米。个别种类有长至1米的，最小的可以隐藏在沼泽的藓类中。肉食植物通过捕杀昆虫以吸收营养。紫瓶子草产于美国的东部和中西部以及加

如果说形成捕食构造更容易生存，那为什么世界上没有更多的肉食植

物呢？是不是只要有类似猪笼草等食肉植物的生存环境，普通植物们就会像它们一样朝着食肉的方向进化呢？如果不是，那为什么没有更多的食肉植物产生？这些问题至今还没能得出确切的答案。相信随着科技的发展，终有一天能破解这些秘密。

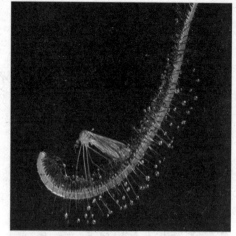

◆好望角茅膏菜近景

◆紫瓶子草

谈进化的未解之谜

七彩年华——解密变色龙的变色之谜

◆七彩变色龙

说到变色龙，我们立刻会想到它们变色的能力，然而这种动物变色的原因，并不像人们认为的那样只是为了伪装，它可能还有其他什么作用呢。

变色龙是一种"善变"的树栖爬行类动物，在大自然中它是当之无愧的"伪装高手"，为了逃避天敌的侵犯和接近自己的猎物，变色龙常在人们不经意间改变身体颜色，然后一动不动地将自己融入周围的环境之中。

变色龙有很强的适应环境生存的本领，就让我们一起来解密变色龙的进化之谜吧。

有关变色龙的知识

变色龙的躯干稍扁，四肢稍长，皮肤粗糙，运动极慢，舌长（可舔食虫类），表皮下有多种色素块，能随时变成不同的保护色，是脊椎动物。变色龙的主要食物是昆虫。多数变色龙会对单一食物产生厌食，有时会拒绝进食直至死亡。

谈进化的未解之谜

小资料：三层色素细胞层

与其他爬行类动物不同的是，变色龙能够变换体色完全取决于皮肤表层内的色素细胞，这些色素细胞中充满着不同颜色的色素。纽约康奈尔大学生物系的安德森对变色龙的"变色原理"进行了详细解释：变色龙皮肤有三层色素细胞，最深的一层是由载黑素细胞构成，其中细胞带有的黑色素可与上一层细胞相互交融；中间层是由鸟嘌呤细胞构成，它主要调控暗蓝色素；最外层细胞则主要是黄色素和红色素。安德森说："基于神经学调控机制，色素细胞在神经的刺激下会使色素在各层之间交融变换，实现变色龙身体颜色的多种变化。"

变色龙的种类约有 160 种，主要分布在非洲大陆和马达加斯加岛，其中在马达加斯加居住的种类占一半左右。那里可称得上是世界最大也是最独特的变色龙社区，有 59 个种类的变色龙是马达加斯加所独有的。目前人们还在不断发现新的种类，或是根据基因分析，将被错分为亚种的变色龙定义为独立的分类。

变色龙中文学名叫避役，"役"在我国文字中的意思是"需要出力的事"，而避役的意思是说，可以不出力就能吃到食物。

◆变色龙

俗称变色龙就是因为它善于随环境的变化，随时改变自己身体的颜色。变色既有利于隐藏自己，又有利于捕捉猎物。变色这种生理变化，是在植物性神经系统的调控下，通过皮肤里的色素细胞的扩展或收缩来完成的。

美国变色龙专家克里斯多佛·拉克斯沃斯发现变色龙之间的信息传递和表达是通过变换体色来完成的，它们经常在捍卫自己领地和拒绝求偶者时，表现出不同的体色。他说："为了显示自己会领地的统治权，雄性变色龙会向侵犯领地的同类示威，体色也相应地呈现出明亮色；当遇到自己

谈进化的未解之谜

不中意的求偶者时，雌性变色龙会表示拒绝，随之体色会变得暗淡，且显现出闪动的红色斑点。此外，当变色龙意欲挑起争端、发动攻击时，体色会变得很暗。"

轻松一刻——饲养变色龙的小诀窍

变色龙原产地是非洲，依据它们的生活习性，饲养者最好用放有树枝的饲养箱给它安个小家。同时，尽量保证有自然日光，理想条件是让变色龙每天日照30分钟，最佳日照时间在早上和餐前，在自然光线下，变色龙的颜色会更加明亮，色泽鲜明。

变色龙是一种冷血动物，因此在饲养过程中对温度条件要求较高。通常日间温度应保持在28℃到32℃，夜间温度可保持在22℃到26℃。如果长期处于低温状态，变色龙会食欲降低生长减缓，甚至还会影响健康。

变色龙的皮肤颜色会随着背景、温度和心情的变化而改变；雄性变色龙会将暗黑的保护色变成明亮的颜色，以警告其他变色龙离开自己的领地；有些变色龙还会将平静时的绿色变成红色来威胁敌人，目的是为了保护自己，避免遭袭击。变色特性印证了物竞天择的理论，这既是最好的猎食策略，也是最佳防御措施。

解码变色龙变色现象

国外一家博客网站通过一组变色龙的照片对其肤色的含义进行解码。

◆颜色鲜艳展示统治地位的变色龙

变色龙的表皮细胞根据外界光线和温度的变化以及体内化学反应进行扩张和收缩。例如愤怒的变色龙可能会变成嫩黄色，这是因为当它生气时，黄色细胞发生膨胀，阻碍下层的蓝光反射出来。

变色龙的尾部会不断蜕皮。变色龙的皮肤不生长，因此它必须经常蜕皮。小变色龙每隔几周蜕皮一次，成年变色龙大约每隔 4 个月蜕皮一次。由于变色龙没有外耳、中耳和真正意义的面部表情，因此人们认为变色龙几乎是个聋子，它们主要通过远距离摆动身体进行交流。除此以外，变色龙在面对面互动时还能通过了解对方的肤色，来确定对方的心情，比如，黄色的意思是"走远点！我烦着呢"。我们只是认为变色龙的变色本领非常棒，可能不会想到它跟表达情绪有关。

◆变色龙在哪里

克里斯多佛·拉克斯沃斯讲述了变色龙的肤色与心情的关系。"雄性在展示它们的统治地位时，颜色变得更加鲜亮。当雌性表示与雄性敌对，或者不愿接受某一身份时，颜色会变暗或者出现红斑。具有攻击性的变色龙体色会变得更暗。"

◆浅颜色的犀牛变色龙

对变色龙来说，皮肤深浅决定了它们的美丽外表。平静的变色龙外表呈绿色，这是因为没有完全收缩的黄色细胞使一部分蓝光反射出来。

其实我们人类也会变色，这听起来也许很新鲜，但事实的确如此，只是没有变色龙的变化那么大。当我们呼吸不畅、生气或者感到局促不安时脸色会变红；当我们感到震惊或不舒服时脸色会变白。当然，我们跟变色龙不一样，对人类来说，变色并不是一个重要的情绪显示器，因为我们可以通过语言、面部表情或者身体语言等方式表达情感。

蜥蜴是爬虫纲有鳞目中蜥蜴亚目的总称，有些种类的蜥蜴经过千万年的进化，会随着环境的变化改变自身颜色，以达到适应环境保存自己的目的，因此也被人们称为"变色龙"。目前，海南已知的蜥蜴品种有 28 种，它们大多栖息在热带雨林之中。

谈进化的未解之谜

当变色龙与其他变色龙互动时，颜色变化更剧烈，而且更快，从一种颜色转变成另一种颜色只需要 20 秒，不过我们对这种现象并不感到吃惊。虽然对变色龙进行的科学研究开始于 20 世纪 60 年代，但是很多问题至今仍是个谜，例如变色龙为什么要变色，它什么时候变色，以及它们是否知道什么时候变色。从目前情况来看，要解答这些问题还需要很长一段时间来观察研究。

动动手

去网上了解隐形军服的变色原理及隐形军服的变色图案的知识吧：

　　1. 去搜索网站；

　　2. 搜索：变色龙的应用，这个时候你将会发现许多关于隐形军服的网站链接，随便点一个开始了解吧；

　　3. 将你学到的东西尽量记下来吧，今后很可能会用到的。

变色龙变色原理的应用

◆军服

　　根据变色龙的变色原理可以应用于军事伪装。如果军服可以像变色龙一样，能够随环境而改变颜色，那么士兵无论上山下海都可以保持隐身了。美国桑迪亚国家实验室研究员表示，理论上已证实人造物料可以像变色龙和部分鱼类一样变色，相信只要 5 至 10 年时间，就可研制出变色材料。

　　研究生物工程学的巴桑说，目前科学家已经掌握怎样将两种颜色来回变换，下一步是了解如何在人工环境中达到这种效果，继而是研制可以变色的材料。

　　应用这种生物特性，不仅可研制出变色的物料，还可以改变物料的其

谈进化的未解之谜

他特性，包括透气度和控温能力。若将这项技术应用在军事上，亦可造出透气舒适的军服，其物料能抵抗化学战，阻隔有害化学物质。据美国媒体报道，五角大楼目前也正在研制一种"隐形"的新式军服。

"隐形"军服的主要原理是，在制作军服的特种纤维中大量加入利用纳米技术制造的微型装置，即在特种纤维中植入微型发光粒子，从而可以感知周边环境的颜色并作出相应的调整，使军服变成与周围环境一致的隐蔽色。它能有效对付战场上侦察雷达、被动夜视仪、探测人体气味的感应器、感应各种武器钢铁部件的磁性探测器及其他电子和光学器材的侦察。

有军事专家称，这种军服的出现将是军服的一次革命。

谈进化的未解之谜

应有尽有
——最为奇特的蜘蛛之谜

◆蜘蛛

一提到蜘蛛，大多数人都觉得离它越远越好，它会织网，有的还有毒。一般人看到它的第一眼想到的就是清除它，但是蜘蛛的存在也有它的意义哦。

你知道吗，有的蜘蛛还很适合当作宠物呢。蜘蛛的世界就像我们人类的世界一样，它们也有着各自的特点，那么它们会有什么特色吸引着我们去关注它们呢？科学家们又为什么要研究蜘蛛呢？让我们去蜘蛛的世界逛一圈吧。

科学家们把发现的奇特蜘蛛分为了10类，它们分别是：最大的蜘蛛、最小的蜘蛛、最致命的蜘蛛、最可爱的蜘蛛、最友好的蜘蛛、最卑鄙的蜘蛛、最怪异的蜘蛛、最虚荣的蜘蛛、最适合当作宠物的蜘蛛、最勤奋的蜘蛛。一起来欣赏这些特殊的蜘蛛吧，看看是什么让它们进化成了具有这般的本领。

最怪异的蜘蛛

被称为最怪异的蜘蛛——刺背球状蜘蛛，主要生活在美国南部和南美洲部分地区。它们在野外环境中很容易被识别，长着长方形体型，背部有与众不同的标记。通常它们的身体呈白色，背部有黑色斑记，看上去非常像正在微笑的面孔。它们凭借自己奇特的外表，成为了最为怪异的蜘蛛。

谈进化的未解之谜

除了这种颜色之外，在美国还有其他体色的刺背球状蜘蛛。

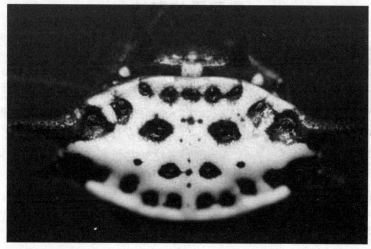

◆刺背球状蜘蛛

最致命的蜘蛛

　　巴西漫游蜘蛛发现于巴西、阿根廷北部和乌拉圭等国家或地区的温暖、潮湿环境中。在所有蜘蛛种类中，巴西漫游蜘蛛应该是毒性最强、最致命的蜘蛛。它们可以释放出一种强力"神经毒素"，可以导致动物或人神经失控、呼吸困难和剧烈疼痛。2007年，吉尼斯世界纪录授予巴西漫游蜘蛛"最毒蜘蛛"称号。另外，巴西漫游蜘蛛的毒液对男性受害者产生奇特的效应，男性遭受它的毒液蜇伤后阴茎会持续数小时的疼痛，并最终导致阳痿。目前科学家已发现这种毒液的奇特作用，现将这种毒液命名为"Tx2-6"，试图将该毒液用于治疗男性生殖器疾病。

◆以毒性而闻名的巴西漫游蜘蛛

最可爱的蜘蛛

◆蝇虎跳蛛

最可爱的蜘蛛是蝇虎跳蛛，到目前为止，全世界已经识别出来的跳蛛种类共有5000多种。人们可以很容易根据它们头部和面部的8只眼睛来识别它们。蝇虎跳蛛共长有8只眼睛，其中头部正中两颗就像两盏大大的灯泡，大眼睛底下是两根亮闪闪的毒牙。这一可爱造型让蝇虎跳蛛荣获了"世界最可爱的蜘蛛"的称号。蝇虎跳蛛之所以得到"跳蛛"的名字，就在于它们的特长是跳跃，它们一次跳出的距离甚至超过它们身长的50倍。

最适合当作宠物的蜘蛛

◆智利玫瑰蜘蛛是最受人类宠爱的蜘蛛

智利玫瑰蜘蛛是狼蛛的一种，它是一种招人喜爱、生命力顽强并易养殖的蜘蛛，非常适合作为人们的宠物，目前在许多的宠物商店均有出售。它们一般情况下不会攻击人类，除非在遭到严重威胁时。如果你非常喜欢蜘蛛，并计划在家里养一只的话，你会选择那些体型较大、带有毒素的蜘蛛吗？据蜘蛛养殖专家介绍，最适合当做宠物来喂养的蜘蛛应当是"智利玫瑰蜘蛛"。

谈进化的未解之谜

最勤奋的蜘蛛

黄金圆蛛被称为世上"最勤奋的蜘蛛"，它们不仅能够编织出巨型复杂的黄金色蜘蛛网，还整日在蜘蛛网上忙忙碌碌。由于它们的蜘蛛丝容易失去黏性，因此它们便一直忙碌地修补蜘蛛网，便于更好地捕捉猎物。它们的蜘蛛丝强度很大，与钢丝或者凯夫拉尔纤维的强度相当，同时它们的长度可延伸两倍，猎物一旦被粘住便很难逃脱。

◆黄金圆蛛

小书屋

科学家认为蜘蛛丝呈现闪闪发光的黄色具有两种用途：在阳光下发出淡黄色光的蜘蛛丝可以吸引蜜蜂；在阴影之下呈现暗黄色，又能成为非常好的陷阱和防御武器。

谈进化的未解之谜

弃之为何——动物自杀之谜

◆各种有自杀现象的动物

谈进化的未解之谜

在我们这个星球上，动物是人类在大自然中的伴侣。它们和人类一样，要经历生老病死的生命旅程，有喜怒哀乐的丰富情感。当人遭遇巨大痛苦时，有时就会选择自杀，虽然旁人唏嘘感叹，但当事人显然是遇到了不能跨越的坎儿。

人类自杀，这已是很古老很常见的事情。但是近些年，一种可怕的现象正在发生，我们经常会看到动物自杀的报道，有时甚至是集体自杀……究其原因，是进化让它们拥有了高级的思想是它们想要抛弃世界，还是世界抛弃了它们？

"鸟吊会"之谜

动物的自杀现象越来多地出现了，从天上飞的鸟儿到海里的鲸鱼，这是为什么呢？

据报道，印度的阿萨姆邦北卡恰尔县，每年8～10月，都会发生成千上万只各种飞鸟集体自杀的怪事，自杀的地点就在贾廷加村到火车站之间的地段上。在没有月亮却有雾的夜间，千万只鸟飞离森林，涌向贾廷加村，向那里各种各样的亮光扑去，在电杆或有电灯的地方碰撞丧生。有些伤而未死的鸟，既不飞走，也不进食，直到死亡。还有的鸟在空中盘旋，最后精疲力尽掉下来摔死。在风雨交加的夜里，我国云南也有类似鸟儿扑火的现象。

轶闻趣事——鸟吊会

每年中秋节前后，在洱源县的鸟吊山、新平县的青龙打雀山、富宁县的鸟王山，鸟儿一年一度从西北飞向东南，宛如百鸟齐会。过去，每逢这个时节，在细雨蒙蒙的夜晚，各族人民手持竹竿，肩荷木柴，到这些山岗燃起篝火，捕捉前来扑火的鸟儿。这时候，眺望远山，到处繁星点点，时隐时现，各种鸟儿惊叫声响彻夜空。云南人民叫这种集会为"鸟吊会"。

◆正在自杀的鸟儿们

"鸟吊会"让人毛骨悚然，有科学家的研究表明，鸟类自杀在动物界并不是最常见的，有研究称，智商越高的哺乳动物，越容易发生自杀行为，因此，鲸鱼、海豚、海狮、海豹这些聪明的动物才是最容易有自杀倾向的，智慧最高的人类，自杀现象更是比比皆是。人们经常在海边发现鲸和海豚集体自杀的事件，但直到今天，科学家也没有搞清楚究竟是什么原因导致这些海洋动物走上了绝路。

鲸鱼自杀之谜

最令人关切的动物"自杀"或许就是鲸的"冲滩"或"搁浅"了。

据有关数据统计，自 1913 年以来，鲸类搁浅自杀个体总数已超过一万头，其中最大的一次是 1946 年 10 月 10 日，一群伪虎鲸凶猛地冲上了阿根廷一个海滨浴场，结果，835 头伪虎鲸全部死亡。1874 年在法国的一个海湾，30 多头抹香鲸搁浅身亡。1970 年，150 多头逆戟鲸冲上美国的一个沙滩上，从此没有返回大海里。1979 年 7 月 6 日，加拿大欧斯海湾的沙滩上躺着 130 多头鲸鱼的尸体。1980 年 6 月 30 日，又有 58 头巨头鲸冲上澳大利亚的特雷切里海滩，最后没有一头生还。

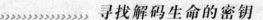

小资料——鲸鱼自杀现场报道

◆可怜的鲸鱼

1985 年 12 月 22 日，福建省福鼎县海滩发生了一场悲剧，遇难的全都是很珍贵的抹香鲸。那天清晨，有一群鲸游入福鼎县的泰屿海湾，当时正值退潮，群鲸惊慌失措，左冲右突，势如排山倒海。先有一头冲上浅滩，挣扎哀鸣，其余的本已顺潮回到海里，这时，它们似乎听到了同伴呼叫，全部又奋不顾身地游回来。当潮水再度上涨时，闻讯赶来的水产局干部、技术人员和当地渔民通力合作，用机帆船拖拽着抹香鲸下海，但被拖下海的鲸竟又冲上滩来，场面十分悲壮。最后，12 头体长 12～15 米、体重 15～20 吨的抹香鲸集体自杀，陈尸海滩。

对鲸类自杀事件进行调查后，人们发现鲸类集体自杀的情形有相似之处：它们总是不顾一切地往岸上冲，前面躺下一头随后就有一头跟上，接着它们就一头又一头地搁浅在海滩上。鲸的躯体庞大，抢救起来非常困难。而鲸的骨骼结构又很不坚实，一旦着陆搁浅，身体的重压会使骨骼变形或断裂，使内脏受压而受伤，造成必死无疑的结局。

科学界对鲸自杀的原因众说不一。一些科学家相信，它们一定是受到了某种不明来源生物的影响。研究中很多迹象显示，一种强大的能量让鲸类冲上海岸，这种能量可能是由一种类似海狮或者海豹的动物释放的，我们姑且把它叫做"海狮"。

与海豚的大脑

鲸类是海洋中最大的动物。它的生命最不易受到其他海洋动物的威胁。它几乎没有天敌，可这些海洋的骄子，大海里的"巨人"，为什么要自杀呢？

相比，海狮的大脑更加发达，通过发射高频脉冲，它的大脑活性可对鲸类产生一种催眠的作用，这样就会出现上面提到的海洋动物惊恐和自杀倾向的情况。其结果就是，如果它们碰巧处于海狮的辐射区域，就会开始四处逃窜，以至自杀。

也有人认为，鲸类冲上海滩的主要原因是听觉失灵。因为鲸的视力较差，行动基本上依靠听觉。它们靠鼻部和咽喉部的气囊发出一种特殊的高频声波，利用回声定位来

◆大批鲸鱼自杀死于海滩

辨别方向和捕捉食物。但当它们游到平坦多沙或泥质的浅海水域时，反射回来的是低频声波，因此就无法对环境进行正确判断，从而迷失方向。尤其当它的躯体一触到海滩时，就会恐慌万分，猛力挣扎，往往就冲到了岸上。

◆可悲的鲸鱼集体自杀

还有人认为，鲸一头接一头地冲上海滩，是为了救助同伴。鲸有一个突出的特性，就是爱成群结伙地活动。它们组成一个团结友爱的集体，一起觅食，共同抵御敌害，保障共同的安全。一旦它们当中某个成员不慎搁浅，必然会痛苦地挣扎，发出哀鸣。其他的鲸听到了遇难同伴的呼叫，全都会奋不顾身地前来救助，以致接二连三地搁浅。更有人认为，鲸类几十头、几百头的大规模搁浅，是因鲸群中带头的首领判断方向有误，导致众

鲸盲目跟随。因为鲸都有结群习性，而且对首领极为忠贞，不论首领走到哪里，后面的都会"赴汤蹈火，在所不辞"。因此，一旦领头鲸出了错，众鲸也都随之赴难。还有一种观点认为，鲸冲上浅滩后悲惨地死去，与地球的磁场有关。因为受了磁力"低路"的影响，使它们迷失方向，造成了自杀的悲剧。

　　人们正多方面探究鲸类集体搁浅的原因，但目前仍无定论。探索鲸类集体自杀的奥秘，是一项有益的工作。它将为研究鲸类的生物学、生态学提供宝贵的资料。人们期望着早日解开这一自然之谜。

其他动物自杀之谜

◆牛群在悬崖自杀

谈进化的未解之谜

天鼠是一种极普通、可爱的小动物，常年居住在北极，爱斯基摩人称其为来自天空的动物。这是因为，在丰年里，它们的数量会大增。一旦达到一定密度，例如1公顷有几百只之后，几乎所有天鼠突然都变得焦躁不安停止进食，而且极力吸引天敌的注意，来更多地猎食它们。同时，还显出一种强烈的迁徙意识，纷纷聚成大群，莫名其妙地朝着大海亡命而去。

　　2001年7月中旬的一天，长江口崇明岛上成群的小麻雀竟在一个医院的院子里"集体自杀"了，医院的工作人员统计了一下，竟然有185只。而周围邻居说，在离医院不远的地方，也发生了类似现象。2000年崇明岛上演过数万只小麻雀投海自尽的悲壮场景，也不知是什么原因。

想一想，查一查，这些动物自杀的原因可能是什么？

法国东南部一个牧场，曾经发生过一起牛群集体跳崖的奇事。当时，牛群正在吃草，突然间有 50 头牛发疯似的从 25 米高的陡峭悬崖往下跳，结果有 36 头牛当场死亡，其余十几头跌在同伴的尸体上，才免于一死。据在场牧人说，牛群在跳崖之前，没有反常现象。1985 年 1 月 28 日，新疆维吾尔自治区和静县 89 头牦牛到山顶吃草，突然有一头牦牛从陡峭悬崖跌下去，紧接着一头又一头，所有牦牛全部跳崖，造成 82 头牦牛死亡。这种事件在此之前已发生过 5 次，这次死亡头数创历史之最。

　　1976 年 10 月，美国科得角海湾沿岸辽阔的海滩上，突然接连不断地涌来数以万计的乌贼，不顾一切地跃上海滩，一会儿，它们的尸体便铺满了海湾的沙滩。过了一个月，乌贼登陆集体自杀的事件又接连发生。有时，一天之内登陆寻死的乌贼竟有 10 万只之多！

　　生存是大自然中一切动物的本能。自从在我们这个蓝色的星球上出现生命以来，它们无时不在为自己的生存作顽强的努力与抗争。它们利用各自的优势，或者保护自己，或者侵食异类，以求得生存、繁衍和发展，通过不断进化让自己适应生活环境。它们为什么要轻易放弃自己的生命？我们期待科学家能有进一步的发现。

谈进化的未解之谜

生命为谁美丽
——兰花进化之谜

◆兰花

谈进化的未解之谜

从达尔文开始，兰花就一直受到生物学家的关注。兰花不仅仅是一种漂亮的观赏植物，对它进化历程的研究也是人们关注的焦点之一。

近期有关兰花进化的研究有了进一步的深入，兰花的身世之谜终于要渐渐解开，让我们一起来了解一番吧。

兰花是一种欣赏价值极高的植物，不仅仅是爱好养花的人对它们感兴趣。从达尔文开始，在随后的 200 多年时间里，美丽的兰花也一直是进化生物学家关注的焦点，对它们的观察和研究从来没有停止过。

兰花基因组计划

兰花属兰科，是单子叶植物，为多年生草本，高 20～40 厘米，根长筒状，叶自茎部簇生，线状披针形，2～3 片成一束。兰花是中国传统名花，以香气而著名。兰花以特有的叶、花、香独具四清（气清、色清、神清、韵清），给人以极高洁、清雅的优美形象。古今名人对它评价极高，被喻为"花中君子"。古代文人常把诗文之美喻为"兰章"，把友谊之真喻为"兰交"，把良友喻为"兰客"。

从达尔文开始，人们对兰花的研究从未停止过。越来越多的研究，让我们逐步认识了千奇百怪的兰花。

那么，这些奇特的兰花是如何产生的，它们在进化上的关系如何？因为兰科植物很难形成化石，所以这些问题的解决还需要借助分子生物学手段，从基因组上寻找兰科植物进化的"足迹"。

兰花为何有这么大的魅力吸引着科学家去研究它的遗传奥秘？除了它具有很高的观赏价值和文化价值外，兰科植物还是植物界最大和进化程度最高的家族之一，具有极高的科研、生态和药用价值，是最珍贵的野生植物资源之一。

系统地研究兰花不仅具有揭示大自然奥秘的科学理论上的重大意义，还是保护、繁育和利用这一珍贵生物资源的前提和依据。然而，人

◆兰花

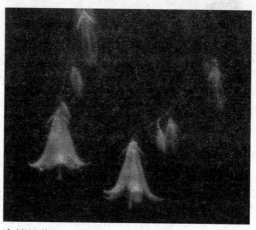

◆铃兰花

类对兰花基因组缺乏了解已构成了当今制约兰花研究和保护利用的瓶颈。

正是基于进化生物学和保护生物学的迫切需求，由深圳市兰科植物保护研究中心、清华大学深圳研究生院、中国科学院植物研究所、台湾成功大学和深圳华大基因研究院承担的"兰花基因组计划"已经在深圳正式启动。这项工程将为我们揭示兰花基因组里面的故事。

100多年前，兰花已成为达尔文构建"进化论"的重要素材，今天它仍然是我们研究生命进化的重要线索。它以过人的本领生长于逆境之

谈进化的未解之谜

◆兰花

中，经受着各种各样的自然选择而生生不息。兰花的研究将有助于揭示植物的应答调控、进化史、胁迫和限制因素，为在极端环境下适应、进化、分化的研究提供科学依据和知识，促进传统的学科和产业的发展。

谈进化的未解之谜

科技链接

1903 年，喙长 25 厘米的天蛾被发现，证实了达尔文关于彗星兰传粉者的预测；2003 年，眉兰花香成分的测定，证实了这种兰花是依靠释放假的"性激素"来诱骗雄胡蜂传粉的。

美国科学家揭开兰花身世之谜

有关兰花的起源，一直是科学界的难题。美国科学家在对一个含有兰花花粉化石的蜜蜂琥珀进行研究时发现，兰科植物起源于大约 8000 万年前的共同祖先。

兰科植物俗称兰花，是被子植物的大科之一，全世界约有 700 属近 20000 种，广泛分布于除两极和极端干旱沙漠地区以外的各种陆地生态系统中，特别是在热带地区，兰科植物具有极高的多样性。我国兰科植物有 171 属 1247 种，与菊科、禾本科、豆科并列为国产被子植物四大科之一。

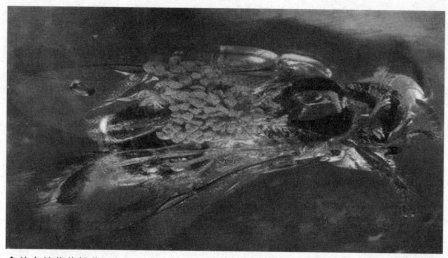

◆首个兰花花粉化石

兰花是被子植物中最为进化的科之一，花的结构十分复杂，出现了雌雄合体的蕊柱和花粉块，高度特化的繁殖器官与适应于昆虫传粉的精巧结构，使生物学家们对其产生了浓厚兴趣。达尔文生前留下的若干巨著中，就包括了一部有关兰花传粉的著作。

研究兰花的起源问题相当困难，因为兰花化石非常罕见，这其中的原因多种多样。比如，它们的种子呈粉尘状，很难以化石形式保存，即使保存下来，也很难被发现和识别；花粉聚集成花粉块，但缺乏坚硬的花粉壁，也很难像其他花粉那样容易被保存下来；另外，兰花全部是草本植物，倒地后容易腐烂，很难形成化石，但蜜蜂琥珀里所带的花粉化石帮助科学家解开了兰花进化之谜，这是一项十分有意义的重要研究成果。

通过分析，美国哈佛大学的研究人员确认了这只蜜蜂携带的正是兰花花粉块化石，并根据这种花粉块的结构，将其归到斑叶兰亚族。与现存种类比，这种花粉与在多米尼加发现的两种兰科植物花粉十分相像。

利用现存55个属的兰花遗传信息，研究小组建立了一个兰花进化族谱，确定了该化石与现存兰花种类之间的亲缘关系，从而推测了它们可能的进化分支时间。经过测定，这块琥珀的年龄为1500万～2000万年。假设兰花的进化速率相对稳定，那么可以推测兰科植物的共同祖先大约

谈进化的未解之谜

生长在至少 7600 万年前，也就是白垩纪晚期。

这一发现不仅有助于解决科学家在兰花年龄上的争论，还首次提供了远古授粉的直接证据。在化石记录中，这是授粉动物和植物连在一起的最早发现。

谈进化的未解之谜

天下奇观

——进化中产生的奇异现象

　　生活中，好问的孩子们经常会对一些很平常的现象产生疑问，例如，人类是用两足行走，但人类为什么不和其他动物一样，用四肢行走呢？再如，为什么会有人会全身长满长毛，就像猿猴一样？

　　其实这些都是在进化的过程中产生的特殊现象。进化过程中有哪些奇异现象？是什么原因产生奇异现象？这种奇异现象对人类的进化是有利还是有害？这里，将带您走进天下进化的奇观世界。

小头爸爸大头儿子
——为什么我们的脑袋越来越大？

我们都知道，人类与其他生物最大的区别就是我们拥有一个高级的大脑，通过大脑的控制系统使我们成为高级的动物。大脑的变化，为人类在世界上的生存提供了独一无二的优势。

人类的脑是耗能最多的器官，占身体质量的2％却要消耗身体能量的15％以上。神奇的大脑中有很多的秘密，要深入了解人类，对大脑的了解是必不可少的。到底是什么推动着人类大脑的发展呢？让我们一起去发现这其中的奥秘吧。

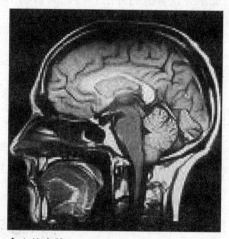

◆人的大脑

对于促使大脑发展的原因，科学家们曾有两种猜测，一种观点认为，增大的脑可以帮助我们的祖先造出更好的工具；另一种观点则认为，增大的脑可以帮助我们与其他同类更好地交流。人类因为充分利用了大脑，才使得人类更好更快地进化。

大脑的知识

与其他动物相比，从大脑在体重中所占的比率来看，人类的大脑是比较大的。大约200万年前，智人出现以来，人类的大脑增大了一倍。而与早些时候的祖先相比，如生活在400万～200万年前的人类最早的祖先南方古猿相比，人类的大脑增大了3倍多。多年来，科学家们一直想知道人

谈进化的未解之谜

类的大脑为什么会增大得这么明显。

有科学家曾经认为是气候变化和环境变化这两个因素导致了人类大脑的增大。气候变化论认为，人类祖先在处理不可预知的天气和重大气候变化中增强了事先思考的能力，以便随时准备应对这些气候的变化，在这个过程中，人类的大脑变得更大和更具适应性。环境论则认为，人类的祖先从赤道迁移后，生存的环境发生变化，食品和其他资源减少，人类不得不思索寻找资源的方法，因此大脑也不断增大起来。

你知道吗？

大脑为神经系统最高级部分，由左右两个大脑半球组成，每个半球包括大脑皮层，大脑皮层是表面的一层灰质。大脑表面还有许多沟和回，因此大大增加了大脑皮层的表面积。大脑皮层也是高级神经活动的物质基础。

大脑具有感觉、运动、语言等多种神经中枢，调节人体多种生理活动，大脑是人体的高级中枢。

大脑与智力

据《智力》杂志报道，半个多世纪以来，科学界人士一直争论着这样一个话题，即大脑的大小是否与智力有关。近日，美国科学家的一项研究证明了两者之间的关系。美国弗吉尼亚联邦大学心理学家迈克尔·麦克丹尼尔表示，大脑体积大有助于聪明人的产生，"脑的大小与智商有关这一说法，对于不同年龄段和性别的人群均适用"。

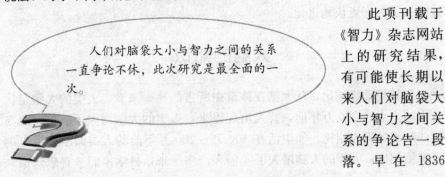

人们对脑袋大小与智力之间的关系一直争论不休，此次研究是最全面的一次。

此项刊载于《智力》杂志网站上的研究结果，有可能使长期以来人们对脑袋大小与智力之间关系的争论告一段落。早在 1836

谈进化的未解之谜

年，德国解剖学家、哲学家弗雷德里克·蒂德曼就曾表示："大脑大小同个人所展现的智力之间存在着无可争辩的联系。"

近几十年来，科学家一直在探索决定人脑智力的生理基础。大约在25年前，科学家发现大脑容量与智商有着微弱的联系。另有研究认为，大脑额叶体积与智力相关，但都未找到足够的证据。此后，科学家一直在孜孜不倦地寻求证明"大脑的大小与智力有联系"这一观点的生物依据。

领导这项研究的工业与组织心理学家迈克尔·麦克丹尼尔博士说："如今证据非常确凿，所有年龄段的人，无论男女，其大脑的大小同智力是相关联的。"麦克丹尼尔博士专门从事智力和其他工作能力指示器方面的研究。弗吉尼亚联邦大学所进行的研究是同类研究中最为全面的一个，该项研究的结果是在总结此前国际上所进行的26项（多数为近期研究）涉及脑袋大小与智力的研究所得出的结论。

在过去，衡量大脑的大小通常有两种土办法：一是用带子在人的头上绕一圈，还有一种就是等人死后再对其大脑进行测量。这两种测量方法并不十分准确，只是对脑体积的近似估算。在过去5年时间里，这个研究小组利用了新的成像技术，这样得出的结果更加准确。他们利用最先进的核磁共振成像技术，获得了更多有关脑袋大小与智力方面的数据。

◆天才孩童爱因斯坦

麦克丹尼尔还发现，平均而言，智力会随脑体积的增加而增加。智力程度是通过标准智力测试测量出来的，这些测试所选择的都是对人们生活具有重要影响的题目，诸如，他们将要去哪里上大学，他们将选择什么工作等等。麦克丹尼尔博士说："也有批评人士认为这种测验并不准确，与真实情况毫无关系。但是，当智力与生物学事实相关联的话，比如大脑体积，认为人类智力不能测量或测量结果并不能说明什么的想法就更难站住脚了。"麦克丹尼尔博士说："一般来讲，聪明的人更容易接受新鲜事物，更少犯错误，而且也更具创造力。使用智力测试方式招聘员工将会给企业

谈进化的未解之谜

带来巨大的经济效益。"

小知识

对脑体积的估算，新的成像技术可资利用，而智力的测量却比较麻烦。

大脑尺寸与智力

◆为孩子测智商

研究人员指出，在脑容量与智力之间的关联上，女性比男性及成人比儿童表现得更明显。另外值得一提的是，在男女差异比较上，虽然女性大脑尺寸一般比男性小，但这并不影响她们在智商测试中取得比男性高的分数。因此专家也认为，大脑尺寸影响智力只是一个客观存在的现象，例如科学家爱因斯坦的大脑就"不是特别大"。美国心理学协会进行的一次最新调查显示，通过对全球人种 IQ（智商）测试对比发现，各人种的 IQ 值存在差异，最大相差 50％。报告声称不同人种间的 IQ 值差异在很大程度上是由基因造成的。如果这一结论被证明是正确的话，那么大脑越大智商越高的说法便受到挑战。

智商与大脑中灰质

科学家在 2004 年的一项研究中发现，智商与大脑中灰质的数量有关，而灰质遍布于大脑的每一个角落。更重要的是，研究发现某些部位大量灰质的存在与智商有很大的关系。美国加利福尼亚大学的研究人员利用核磁

谈进化的未解之谜

共振成像技术对 47 个成年人的大脑
进行扫描成像，并对这些人进行了标
准的智商测试。研究人员将大脑划分
为多个区域，然后扫描每个区域中的
灰色物质。大脑的各个部位都存在灰
色物质，这些物质组成了一个处理信
息的网络。扫描和测试结果显示，在
智商测试中得分较高的人，24 个大脑
区域的灰色物质含量也相应较高。这
24 个区域位于大脑各个部位，大都与

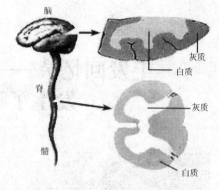

◆灰质与白质

记忆力、注意力和语言有关。研究人员猜测，人在不同方面的才智可能取
决于不同大脑区域灰色物质的含量，灰色物质促使神经细胞更有效地处理
信息。

　　这项研究的负责人、加州大学尔湾分校的理查德·海尔说："这就是
为什么一个人在数学方面很有造诣却不善于拼写，而另外一个同等智商的
人却与其正好相反。"海尔领导的另一项调查显示，男人用灰质考虑的时
候比较多，而女人则是更多地依赖于白质（另一种类型的基本脑组织）。
此次研究发现，人大脑中的灰色物质仅有 6% 与智商相关。但是，它首次
提供了大脑物质含量与智力相关的证据。

谈进化的未解之谜

毛发回忆录——我们身上的毛发发生了哪些改变？

◆人身上的毛发

与我们长毛的类人猿亲戚相比，我们人类在身体的赤裸程度方面是独一无二的。那么我们为什么要把长长的厚厚的毛发抛弃了，最后进化成我们如今这样？

我们身上的毛发到底发生了怎样的变化，以后还会发生什么样的变化呢？让我们一起去了解吧。

从现代进化学诞生之日起，为何人类生来就是裸体，一直是个充满争议的话题。达尔文在《人类的起源》中写道："没有人认为皮肤上没有毛发对人类来说是个优势，人类身体脱去毛发不可能是自然选择的结果。"

毛发的认识

如果不是自然选择的结果，那是什么原因导致人类脱去毛发呢？尽管书名是《人类的起源》，但是达尔文在这本书中并没有对人类的起源作出什么论述。不过，他强调他的有力支持者托马斯·赫胥黎已经就这一问题做了详尽的阐述，所以他只是在这本书中用了几页来描写人类和其最接近的亲戚非洲猿有什么区别。达尔文在《人类的起源》一书中最后得出结论认为，人类身体脱去毛发是性别选择的结果：即男人，尤其是女人，想通过脱去毛发来吸引异性。

不过，这种理论并没有经受住时间的检验。后来的科学家们认为，自然界有几千种的哺乳动物，很难想象只有人类这种雄性物种特别偏爱裸露身体的雌性，或者说一种灵长类雄性物种的偏好就能起某种决定作用。如果支持达尔文理论的人无法提出更加令人信服的解释，那这种理论一定忽略了一些关键问题。

小书屋

中医对毛发的认识：

人一生中毛发盛衰与年龄、内脏功能、性内分泌状态以及男女差异有关；普通毛发病理生理特征及毛发生长状况与营养有关系；中医对毛发疾病的认识，例如对白发产生的原因的辩证分析，为解释此类问题指明了方向。

广角镜——对于毛发的猜想

对于人类为什么会进化成如今的毛发模样，有很多种猜想。一种观点认为，当我们的祖先冒险穿越非洲炎热的萨凡纳地区时，为了保持周身的凉爽，他们选择自己脱去毛发。另一种观点认为，脱去身上的毛发能够避免寄生虫以及相关疾病的侵袭。还有人甚至认为，在我们的祖先短暂适应了水中生物的生活之后，毛发就脱去了——尽管大多数和人类大小差不多的水生哺乳动物总是覆盖着一身厚厚的毛发。

1924年，考古学家在南非开普省的汤恩采石场发现一个古猿幼儿的头骨，这就是著名的汤恩婴儿头骨（Taung baby's skull）。人类学家雷蒙德·达特（Raymond Dart）在对其进行仔细研究后提出了另一种观点。他认为，人类的祖先最早是生活在树上的，随后祖先们又迁移到开阔的平原上生活。在这个过程中，我们祖先中的男性成为猎人，他们在追捕猎物时身体过热，于是开始脱去毛发来降温。

但是，这种观点也无法解释为何其他哺乳动物没有通过这种方法来降温。而且，对于哺乳动物而言，毛发白天可以防晒，夜晚可以抗寒。此外，原始人类的女性并不需要成为猎人，而失去毛发只会给她们带来种种负面影响，比如夜晚较冷，皮肤容易擦伤，婴儿也没有毛皮来保暖，但结果恰恰是女性的毛发比男性更少。

谈进化的未解之谜

尽管达特的理论盛行了 50 多年，但后来没有任何人相信。1972 年，美国俄勒冈灵长类研究中心的威廉·蒙塔格纳在经过多年研究后遗憾地宣布："我们迄今仍无法解释为何人类具有完全赤裸的皮肤这种独一无二的特征。"

拓展小驿站

你知道什么对毛发有效果吗？

1. 核桃、黑芝麻、首乌等，通过养肾滋养气血而有益毛发的生长。

2. 就食用来说，要想头发顺滑的话，芝麻核桃磨的粉每天以温水冲服一匙，效果很明显。

3. 就护理方法来说，止痒洗发的水中加入些许啤酒有作用；欲使头发柔软顺滑，也可在水中加入醋及蛋清。

头发起源

人类为什么进化出毛发，而后又把毛发进化到如今这般模样呢？

当我们的祖先从树上或从水中蹒跚地走在大地上时还是一种体态瘦小的小动物，在自然界的地位还很低，在充满希望与挑战的大地上讨生活时，祖先们用后肢站立解放了前肢，这种行动方式使人类祖先在自然界中的地位有了很大的提高，但是从空中看，体态瘦小的人类祖先则更加瘦小了，这样就大大地增加了鹰的攻击欲望。这时人类祖先面临着是直立还是匍匐的两难选择，人类祖先既要保持直立带来的好处，又要减少天上的攻击。

人类的祖先采用了特殊的虚实两个方向同时进化的方式，实的方向是进化出更加强壮的身体，虚的方向是进化出奇长的头发，当人类祖先在地上奔跑时长发在身后飘起，这会使恶鹰认为这是一个难对付的大家伙而减少扑杀的欲望。奇长的头发使人类在不增加体积的情况下增加面积。如果有的鹰冒险扑向人类的长发，迎接它的将是棍棒和石头。当时的人类对头发的运用，一定如今天的驯兽师手中舞动的皮鞭或斗牛士手中飘摆的红布，皮鞭、红布都不是降服猛兽的利器，但是它们会吸引猛兽的注意力，

谈进化的未解之谜

猛兽分辨不出皮鞭和红布是不是人体的一部分，当皮鞭和红布受到猛兽的攻击时，人就能攻击猛兽了。

我们的头发为什么会长得如此之快呢？也许就如我们的手指甲和脚趾甲生长得非常快一样。我们曾经是沙滩上的拾贝者，为了挖埋在沙中的贝，我们进化了手指甲和脚趾甲生长速度。为了看到更远处的贝，我们开始站立，不知不觉中进化了后肢，拾贝就是我们成为直立行走动物的原因。而对于头发的需要，也许就是头发长得很快的原因吧。

◆野人毛发

你知道吗？

人类的毛发分为长毛、短毛、橇毛和胎毛四种。正常情况下，人体头部拥有 9 万～14 万根头发。头发是毛发的其中一种，属于长毛，是人体皮肤的一种附属器官。它由毛干、毛根、毛囊三部分组成。毛囊又可再分为上下两部，上部再划分为漏斗部和峡部，下部可分为球部和茎部，有周期性改变的特性。

轻松趣谈"优势进化"

远古的男人都是猎人，在狩猎时，他们要根据山形地势，阴阳虚实，巧妙布置猎场，这就使今天的男学生在立体几何学习方面比女学生要有优势，又使男学生抽象思维比女学生要有优势。远古时的女人都是植物采集者，她们要记住几百种植物的形状、颜色、味道、气味等等，这就使得今天的女同学在形象记忆方面

谈进化的未解之谜

比男同学有优势。今天女人对有毒物质的耐受能力优于男人，也是由于我们的女祖先有过遍尝百草的经历。

毛发的生理功能

人类的毛发虽然大部分已退化，但如头发对颅顶的保护、眉毛的美观效果、阴毛的缓冲作用等功能，仍然非常重要。

（一）机械性保护作用

1. 头发可以保护头皮和脑部，防止外力对头部造成不利的影响，减少外界环境所引起的损伤，这在人类和各种动物中都很重要。尤其是在婴幼儿，由于头顶部骨骼发育还不完全，这种保护作用显得更重要。

2. 临床上，由于头发的存在，头皮不易直接接触外物，因而接触性皮炎比其他部位少见，这也是归功于头发的机械保护作用。

（二）防日晒、御寒

1. 日光中的紫外线照射可促进黑色素的生成和输送，并产生晒斑，遮挡和反射光线。因此，覆于头皮部的含有黑色素的头发，具有一种屏障功能，可以保护深部组织免受辐射损伤，对减少日光中紫外线的过度照射有积极的作用。

2. 厚厚的头发可以帮助抵御寒冷空气对头部的侵袭。

3. 毛干中心的毛髓质充满空气间隙，对缓和日晒和寒冷有一定的帮助。

（三）引流液体

淋浴或沐浴后，头发和毛发可把水分从皮肤上引流下来，加快皮肤的干燥，由于面积的增加，毛发尤其是头发可加速蒸发水分。

（四）调节体温

1. 有毛动物毛发中的角蛋白是热的不良导体。人类由于进化的结果，主要由汗腺代替毛发的这种作用。但毛发中的毛髓质充满空气间隙，在一定程度上起阻止外界过热的侵袭。

谈进化的未解之谜

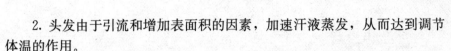

2. 头发由于引流和增加表面积的因素，加速汗液蒸发，从而达到调节体温的作用。

3. 由于毛囊连着竖毛肌和皮脂腺，因此，当竖毛肌兴奋时，皮脂腺就分泌皮脂到毛囊口，也可调节体温；寒冷时，皮肤会马上起"鸡皮疙瘩"，使毛囊紧缩，防止体温散发。

 小知识——白发的原因及解决之道

毛发是皮肤的附属器，它同身体其他各部位的器官、组织一样，需要充足的营养。人种不同，发色不同。棕种人的发色是红黑的，白种人的发色是金黄的，我们黄种人，因为头发的色素颗粒中含有铜、钴、铁、所以是褐黑色的、如果饮食中长期缺乏铜、钴、铁这些无机盐、就会影响黑色素的合成，使头发由黑变白。还有据医学临床观察证明，如果身体长期缺乏蛋白质、植物油、维生素 B_1、维生素 B_2、维生素 B_6，也会导致头发由黑变白。

解决的方法有：

1. 学会心理保健和调节方法，既要会工作会学习，也要会调节会娱乐，劳逸结合，力求保持心情舒畅，避免精神危机，心理上的相对平衡对于防止早生白发至关重要。

2. 坚持体育锻炼，增强体质。

3. 讲究饮食质量，多吃一些富含优质蛋白、微量元素和维生素的食物，可选择鲜鱼、牛奶、动物肝肾、黑芝麻、食用蕈类、海藻类、新鲜蔬菜和水果等。

4. 在医生指导下酌情食用维生素、叶酸、中药何首乌、枸杞子、桑椹子等药物，有助于防止或延缓白发的生成和发展。

谈进化的未解之谜

二足鼎立——
为什么人类用两足行走?

◆女妖——斯芬克司

谈进化的未解之谜

小时候我们用四条"腿"走路,长大后我们用两条腿走路,老了,我们不得不用上了第三条"腿"。

你有没有想过这样一个问题:我们为什么要用两条腿行走,一直用爬的四条"腿"不好吗?那今天我们就来一起看看为什么人类要用两条腿行走吧。

在我们的大脑进化和石器工具出现以前,我们的祖先就已经进化成为了直立的姿势。

问题就随之而来了:为什么在我们的类人猿亲戚们还在用四肢行走的时候,我们就已经直立并用两足行走呢?实际上,两足动物的行走可能比四肢行走花费更少的力气。解放双手可能使我们的祖先可以采集更多的食物。站立的姿势,通过减少直接暴露在阳光中的皮肤面积,甚至可以帮助我们的祖先更好地控制自己的脾气。这种行动方式是人类区别于猿类的一个重要特征。

直立行走此前一向被当作人类独有的特征,是划分人与猿的重要标准。

小故事——谁盗走了白银?

古希腊曾记载着这样一个神话故事,庇比斯城的人得罪了天神宙斯,天神震怒,天后赫拉为了惩罚庇比斯城的人,在城外的峭崖上降下一个名叫斯芬克司的女妖。她向每个路过峭崖的庇比斯城人提出一个谜语："在开始时用四只脚走路，后来用两只脚走路，最后用三只脚走路。在一切生命中这是唯一的用不同数目的脚走路的生物，脚最多的时候，正是速度和力量最小的时候。"

对于这个神秘费解的谜语，凡猜中者即可活命，凡猜不中者一律被吃掉。当过路的庇比斯城人全部被斯芬克司吃掉以后，科仁托斯国王波里玻斯的养子，聪明勇敢的俄狄浦斯路过此地，猜中了这个谜语。

他说："这是人呀。在生命的早晨，人是软弱无助的孩子，他用两手两脚爬行；在生命的中午，他成为壮年，用两只脚走路；到了老年，临到生命的迟暮，他需要扶持，因此拄了拐杖，作为第三只脚。"

谜语被猜中了，斯芬克司就从巍峨的峭崖上跳下去摔死了。

这就是有名的斯芬克司之谜。

 小博士

这个故事是不是很有趣啊？它告诉了我们什么？把它讲给不知道的人听吧！

几种类人猿进化过程中的行动方式

现有的几种猿在进化过程中都发展了各自行动的方式。长臂猿是最完善的"臂行者"；猩猩在树上行动时手臂摆荡，或两只手攀爬，通常被称之为"臂行者"或"变异了的臂行者"；黑猩猩和大猩猩的行动方式基本相同，它们偶尔臂行、攀爬，在地面行走时以其弯曲着的手指的第二节指节骨的背面接触地面，被称为"指关节行走"。在高等灵长类中，唯有人类是真正适应于地面生活的种类，采取两足直立行走的行动方式。当人类最早的祖先由树上下到地面时，为适应地面生活，在各个方面发生了一系列的变化，其中在行动方式方面就是发生了由臂行向两足直立行走的转变。目前能肯定的最早的人科化石代表是南方古猿类。对它的颅骨、骨盆和肢骨化石的研究清楚地表明，它们肯定已采用两足直立行走的行动方式。由于南方古猿类生存的年代最早可在距今约 400 万年前，因此这种行动方式至少在距今约 400 万年前已经确立，从此就成了人类行动方式的典

型特征。但是，由于缺乏化石证据，现在我们还不知道这种行动方式最早是在什么时候开始发生的。

小书屋

科学家几十年前就得出结论：黑猩猩是人类的近亲，其基因大约有98%～99%与人类相同。

直立行走的条件及意义

谈进化的未解之谜

◆长臂猿

由臂行向两足直立行走的行动方式转变，要求和引起机体结构的一系列变化和改造，特别是骨盆、大腿骨的增长（相对于前肢长度而言），骨盆的变短和增宽，臀部肌肉的调整，关节和膝关节的增强，脚后跟的增大和足弓的形成等等。因而人体结构的基本特征大都与两足直立行走的黑猩猩行动方式相联系，或者说是随着直立姿势的形成而产生的。所以有人认为，两足直立行走是人这一支从猿的系统分化出来的最重要的因素和标志，是猿转变为人的最重要的条件。两足直立行走对人类的进化有着重要的意义，它使人类祖先的前肢从支持和行走的机能中完全解放了出来，成了自由和灵巧的双手，能充分使用和制造工具来获得食物和防御敌害，或从事各种各样的活动，在与自然界的斗争中发挥了极为重要的作用。也由于两足直立行走，颅骨下面以脊柱为支柱，枕骨大孔由颅后方移到颅下方，颈后无须再由强大的肌肉来维持头的位置使其不下垂，颈后肌肉的减弱，减轻了颅骨上着生强大肌肉的重负，为脑的进一步发展和扩大成球形创造了条件。

加州大学戴维斯分校的研究人员指出，人类用两腿行走比用四肢更节省能源。原本树木丛生的地区日渐干燥，可能导致觅食区域扩大，迫使人类祖先跋涉更长的距离觅食，消耗较少能量行走的族类渐渐取得优势。

对某些生物而言，用两腿行走所消耗的能量少于用四肢。这项结果可解释人类祖先为何在1000万年前进化成两足动物。

研究人员比较受过特训的黑猩猩与人类在跑步机上行走的资料，发现人类所消耗的能量和热量，均比用四肢或两足行走的黑猩猩少75％。有趣的是，某些学过两腿行走或跳跃式行走的实验黑猩猩，用双足行走的结果也比较好。

有三只猩猩用两足行走所消耗的能量超过四肢并用。但有一只猩猩这两种方式所消耗的能量一样多，而另一只实验猩猩采用直立行走所消耗的能量较少。

加州大学戴维斯分校人类学博士候选人安德鲁·索克表示："我们以为所有猩猩用两腿行走都会消耗较多能量，但实际的结果更耐人寻味。我们发现的东西更有力。"

他指出："这还不是完整的答案，但已是人类长久探询之问题的一块解答拼图：我们如何和为何成为人类？我们为何单独用两腿行走？"研究人员也发现，对某些黑猩猩而言，两腿行走所消耗的能量不比跳跃式行走多。这两只黑猩猩的步伐与骨骼结构和其他实验猩猩不同，它们的骨架有类似早期人类祖先化石的特征，后肢的伸展性较大。

索克研究实验黑猩猩在跑步机上的生物力学数据和耗氧量。在猩猩运动的同时，科学家收集其新陈代谢及运动的数据和耗氧量，再与人类受试者的同样数据作比较。过程中较困难的部分是让黑猩猩用两腿和跳跃式行走，研究人员花了两年才找到合格的训练员。

直立行走的证据

长期以来，人们一直认为直立行走能力是人类的祖先在非洲草原上生活时进化获得的。

谈进化的未解之谜

◆直立人

谈进化的未解之谜

但英国科学家最近报告说，猩猩在树上的动作有很多直立行走的特征，这显示直立行走的起源可能比人们原先认为的早得多。

英国科学家报告说，他们对猩猩进行详细观察后发现，猩猩有时会在细软的树枝上直立行走，而且直立时后肢是伸直的，膝关节和髋关节伸展，就像运动员在有弹性的跑道上奔跑时那样。

科学家认为，人类祖先最早尝试直立行走时可能就是这样。

新发现显示，人和猿共同的祖先生活在树上时，可能大多数时候用四肢行走，但偶尔也直立行走。此后，黑猩猩和大猩猩适应了新的四肢行走方式，就像它们现在那样。

人类祖先则在气候变化使森林变得稀疏、地面生活增加时更多地用两足行走，最终完全站了起来。这一成果将影响科学家对人类进化过程的研究，可能会改变人类"家谱"的写法。

科技链接

化石与分子证据显示

800万～1000万年前，非洲赤道区的气候变迁，原本树木丛生的地区日渐干燥，导致觅食区域扩大，迫使人类先祖跋涉更长的距离觅食，消耗较少能量行走的族类渐渐取得优势。

情愫之谜——人为什么会脸红？

"脸红什么？" "精神焕发。" "怎么又黄了？" "呵呵呵呵呵呵，防冷涂的蜡。" 京剧《智取威虎山》的这段对白就连小孩也爱模仿。

一个人突然脸红当然不是因为精神焕发，更可能是因为精神紧张。你如果心里有鬼而感到不安，或者处境尴尬而难堪，或者见到暗恋的人而害羞，或者受到赞扬而不好意思……突然间脸上一热，你知道你脸红了。为什么人类会脸红呢？又为什么只有人类会脸红呢？曾经常会莫名奇妙脸红的你是不是为了脸红而苦恼过呢？让我们一起来探索脸红的秘密吧。

◆脸红了

为什么只有人类脸红，其他的动物又会怎样表现呢？

脸红的原因

脸红的过程是交感神经的兴奋导致的，意识无法控制，你越想控制自己不脸红，反而会让脸红加剧。这其实是一种应激反应：在你感到不安、难堪、害羞、不好意思的时候，身体大量分泌肾上腺素。这种激素让你的呼吸加重、心速加快、瞳孔放大，为战斗或逃跑做好准备。它同时也让血管舒张，以便增加血液流量，提供更多的氧气。血液中携带氧气的红细胞让皮肤出现了红晕。这是全身作出的反应，为什么只有脸部的皮肤发红，

谈进化的未解之谜

而其他部位的皮肤颜色看不出变化呢？这有两方面的原因。与其他部位的皮肤相比，脸部皮肤的血管更密集、更宽、更靠近表层，因此它发生的变化更容易被别人觉察到。更重要的是，一般皮肤的静脉只含有 α 肾上腺素受体，而脸部皮肤的静脉却同时含有 α 和 β 两种肾上腺素受体。这两种受体都接受来自肾上腺素的信号，但是性质不同。α 肾上腺素受体对肾上腺素较不敏感，而且起到的是让血管收缩的作用，而 β 肾上腺素受体则相反，它对肾上腺素较敏感，并让血管舒张，更多的血液涌入了脸部皮肤，告诉人们你的不安。

人脸红的过程

人并不是一生下来就会脸红的。它是在幼儿园阶段开始出现的，在青春期达到了顶峰，之后逐渐下降，随着年龄的增长，人们变得越来越不容易脸红，或者说，"脸皮越来越厚"了。幼儿园阶段是人的自我意识开始出现并通过与他人的交往培养社会意识的时期。青春期少年有极强的自我意识，特别在乎别人对自己的看法，而成年人的自我意识又逐渐变得薄弱。脸红的出现和变化似乎与人的自我意识的演变同步。此外，还有其他社会因素与脸红有关。例如，女人要比男人更容易脸红，欧洲人要比亚洲人更容易脸红（这与肤色没有关系，肤色深的欧洲人也能明显地脸红）。

这一切都表明脸红是一种社会交流的方式。脸红虽然不受意识的控制，但是又涉及非常高级的智能。一个人要是会脸红，不仅要有自我意识，而且还要能够意识到其他意识的存在，设身处地地猜测其他个体的想法，也就是有移情能力。人类在 3 岁以后才有移情能力，其他动物中只有类人猿才有这种能力。因此，只有人类，也许还有类人猿，才能用脸红进行微妙的情感交流。

其他灵长类也能用裸露部位的皮肤颜色变化进行交流，例如脸红表示发怒，臀部的红肿表示发情。灵长类对皮肤颜色变化极为敏感，它可能与彩色视觉的起源有关。在哺乳动物中，只有灵长类具有三色视觉，能够看到由"三原色"组成的彩色世界，其他哺乳动物都是色盲。这是由于灵长类的视网膜中有三种"视锥细胞"，感受不同波长的光：短波视锥的最佳吸收波长大约是 440 纳米，中波视锥的最佳吸收波长大约是 540 纳米，而长波视锥的最佳吸收波长大约是 560 纳米。

你知道吗?

通常，人在感到尴尬时都会脸红。脸红是伴随突如其来的羞涩感产生的自然反应，若不是其意义非凡，那么几乎可以忽略不提。但脸红是独一无二的，因此科学家想更多地了解这种现象。尽管从心理学角度来说，脸红的产生原因仍然是个谜，但是我们已经知道了人在脸红时所经历的物理过程。

点击——三原色和三种视锥细胞

三原色指红黄蓝三色，指三种颜色中的任意一色都不能由另外两种原色混合产生，而其他色可由这三色按照一定的比例混合出来，色彩学上将这三个独立的色称为三原色。

人和其他灵长类动物有三种视锥细胞，分别有红敏色素、蓝敏色素和绿敏色素，也由11—顺视黄醛和视蛋白组成，但视蛋白的结构与视杆细胞的不同。如缺少感红光（或绿光）的视锥细胞，则不能分辨红（或绿）色，为红（或绿）色盲。视锥细胞的内突末端膨大呈足状，可与一个或多个双极细胞的树突以及水平细胞形成突触。

为什么中波视锥和长波视锥的最佳吸收波长如此接近？如果它们能间隔得远一点显然会更加合理（鸟类的三种视锥的最佳吸收波长就是均匀分布的）。原来，这样的视锥波长分布能够最敏感地感觉到别人皮肤颜色的变化：当灵长类的皮肤充满含氧的血液时，其皮肤颜色的波长大约是550纳米。从某种意义上说，我们长着这样一双敏感的眼睛，就是为了能够轻易地看到你的脸红。

科学讲脸红

当你感到尴尬时，你的身体会释放肾上腺素。这种激素是天然的兴奋剂，会对身体产生一系列影响，这些都是战逃反应的一部分。肾上腺素使你的呼吸和心跳加快，让你做好逃离危险的准备。你的瞳孔会放大，这样就可以看到尽可能多的东西。肾上腺素还会减慢你的消化过程，使能量重新传入肌肉神经。你在尴尬时感觉到的颤抖就是所有这些反应共同作用的结果。

肾上腺素还会使你的血管膨胀（称为血管舒张），加快血液流动和氧气输送。这就是脸为什么会变红的原因。脸上的血管会响应化学递质腺苷酸环化酶发出的信号，使肾上腺素大行其道。最后，你脸上的静脉会扩张，导致更多的血液流过血管。这时，你的脸就会变红，别人便知道你正处于尴尬之中。换句话说，肾上腺素导致更多局部血液流过脸颊。

这听起来很有道理，不过，有趣的是，这是静脉的一种反常反应。其他类型的血管都会对肾上腺素作出反应，但通常来说静脉不会这样。在人体其他部位，肾上腺素释放时，静脉没什么反应，激素对它们的影响很少，甚至没有。

脸红问题的解决之道

脸红本是人际交往中的一种正常反应，随时间推移会习以为常。但由于你缺乏自信，因而特别注意别人对你的评价，注意自己在别人面前的表现，以致对脸红特别在意。害怕别人会因此议论你，想自己不脸红，但又无法消除，见人脸红便成了你的心病。与人交往前你便担心自己会脸红，交往时更是认真体验自己有无脸红，时间一长，就在大脑的相应区域形成了兴奋点，只要你一进入与人交往的环境，就会出现脸上发热感和内心的焦虑不安，加上别人对此的议论或讥笑，更使你紧张不安，惧怕见人，从而形成赤面恐怖症。

赤面恐怖症是可以治疗的。首先你对脸红要采取顺其自然的态度，允许它出现和存在，不去抗拒，抑制或掩饰它，不为有脸红而焦虑和苦恼，从而消除对脸红的紧张和担心，打断由此造成的恶性循环。其次是要进行自信心方面的训练。人前容易脸红的人，多数对自己缺乏自信，具有自卑感，因而加强自信心的培养，克服自卑感，可起到釜底抽薪的作用。

谈进化的未解之谜

知 识 窗

其实克服脸红很简单，在见到令你兴奋的事物时尽量保持心情平静如水就行了，再就是平时多结交些新朋友，多参加些社交活动，多和陌生人交流等，试着去做吧！

小资料——心理训练克服脸红

"心理训练"帮你克服不必要的脸红：

第一步：把能引起你脸红的各种场合，按由轻到重依次列成表，分别抄到不同的卡片上，把最不令你脸红的场面放在最前面，把最令你脸红的放在最后面，卡片按顺序依次排好。

第二步：进行松弛训练。可坐在一个舒服的座位上，有规律地深呼吸，让全身放松。进入松弛状态后，拿出上述系列卡片的第一张，想象上面的情景，想象得越逼真越鲜明越好。

第三步：如果你觉得有点不安和脸红，就停下来不再想象，做深呼吸使自己再度松弛下来。做完松弛后，重新想象刚才失败的情景。若不安和脸红再次发生，就再停止后放松。如此反复，直至卡片上的情景不会再使你不安和脸红为止。

第四步：当你想象最令你不安和脸红的场面不感到脸红时，便可再按由轻到重的顺序进行现场锻炼，若在现场出现不安和脸红，亦同样让自己做深呼吸放松来对抗，直至不再脸红为止。再进入下一步的锻炼。

要改变只看到自己的短处、用自己的短处比别人的长处的思维方式，反过来经常想想自己有哪些长处或优势，以自己的长处比别人的短处，从而逐渐改变对自己的看法。在改变对自己的看法的同时，再将注意力转移到自己感兴趣、也最能体现自己才能的活动中去，先寻找一件比较容易也很有把握的事情去做，一举成功后便会有一份喜悦，做完再用同样的方法确定下一个目标。这样，每成功一次，便强化一次自信心，逐渐自信心就会越来越强。

谈进化的未解之谜

人不可能十全十美，人的价值主要体现在通过自身的努力尽可能地发挥自己的潜能。把自己的缺点、失败及别人的耻笑等看成是一种常事，当成完善自己的动力，对别人的评价和议论自己心中有主见，做到"有则改之，无则加勉"，不为人言所左右以致无所适从。

　　人会自卑，是因为他通过比较和自省，发现自己确有不如人处。而处事成功，也需要一定的知识和能力。所以一个人最终要克服自卑心理，就必须在建立自信的同时正视自己的不足，通过多学多干来充实知识，丰富经验，学会与人交往的方法和技巧。

谈进化的未解之谜

追溯来路——返祖现象

物竞天择、优胜劣汰是大自然在行使权力。在生存中的发展变异同样也是自然的规律，万物灵长的人类亦不能独善其身。

但是在大多数生物已经按照自然规律进化时，却还有极少部分生物出现了令人意外的情况。返祖现象就是一种生物进化历程中出现的特殊情况。什么是返祖现象呢？为什么会出现返祖现象呢？让我们一起来看看吧。

◆返祖现象

返祖现象是一种不太常见的生物"退化"现象。至今为止，科学家们发现不仅仅人类有返祖现象，很多动物也出现了返祖现象。仔细观察你身边的小动物，也许它的身上就有返祖现象发生哦。

谈进化的未解之谜

关于返祖现象

众所周知，家养的鸡、鸭、鹅经过人类的长期驯化培养，早已失去了飞行能力，但在家养的鸡、鸭、鹅群中，有时会出现一只飞行能力特别强的，这只鸡（或鸭、鹅）就是由于在其身上出现了返祖现象，使其飞行能力得到了恢复。此外，长有"脚"的蛇、尾鳍旁长有小鳍的海豚，也是动物返祖的例证。

返祖现象在人类身上也有体现，例如一生下来身上就长满毛发的毛孩，就是一种人类毛发组织器官的返祖"退化"现象。还有天生耳朵会转动的人，可归类为神经系统的返祖"退化"现象，以及天生长有尾巴的人，可归为退化器官的返祖"退化"现象。由此可见，返祖现象显现的部位具有不确定性。以此类推，人类的其他器官功能也不能排除会出现返祖"退化"现象。

返祖是指有的生物体偶然出现了祖先的某些性状的遗传现象。例如，双翅目昆虫后翅一般已退化为平衡棍，但偶然会出现有两对翅的个体。在人类，偶然会看到有短尾的孩子、长毛的人、多乳头的女子等等，这些现象表明，人类的祖先可能是有尾的、长毛的、多乳头的动物。所以返祖现象是生物进化的一种证据。

谈进化的未解之谜

 你知道吗？——装甲鱼的倒退进化

有一种名为棘鱼的多刺的小鱼，重新长出远古"装甲"，可能出现了倒退进化。

20世纪50年代，美国华盛顿州太平洋海岸的内陆湖——华盛顿湖遭受严重的磷污染，大约10年后成了一个121400公顷的污水池。能见度大约只有76厘米，棘鱼根本不需装甲来保护，因为躲在污泥中就能逃过捕食者的视线。

棘鱼的这一戏剧性的快速适应是一种倒退进化的事例，因为棘鱼本来是越来越进化成没有装甲的。

对于返祖的猜想

关于返祖现象产生的原因一直是一个难以揭开的进化之谜，至今有很多种猜想，但各种猜想又都不能完全解释返祖现象，这个问题至今还是个未知的谜。

猜想一：基因返祖现象与祖先同行

"爬行家庭"一出现，就在科学界引发一场大地震。第一个发现"爬行家庭"的土耳其教授坚持认为，"爬行家庭"是一种返祖现象，是人类

1957年3月，华盛顿之湖

2006年3月，华盛顿之湖

◆鱼长出远古"装甲"

从爬行进化到直立行走的活生生例证。塔恩教授在他的论文中写道，"爬行家庭"很有意思地展示了人类祖先的某些特质，是一种返祖现象。塔恩教授认为，"爬行家庭"的父母基因结合后，发生遗传变异。原本使人类直立行走的基因在遗传中丢失，五个孩子就出现了几亿年前人类祖先的爬行特质。还有一种可能是人类祖先的爬行基因密码一直在人类体内保存着，在进化中逐渐被丢弃。但这个"爬行家庭"罕见地重新拾起祖先的爬行基因，导致返祖。在塔恩教授写给同事的一封信中，他表示自己已经找到了"爬行家庭"的爬行根源——一个名叫染色体17p的基因组发生变异。染色体17p据说是人类和大猩猩基因序列中差别最大的基因组。其他研究者也曾认为，染色体17p与爬行动物的进化有直接关系。2003年生物学专家克奈尔专著记述了返祖现象。他认为，返祖现象是指动物身体某种器官出现祖先的某种特征。例如很多历代生活在黑暗洞穴中的鱼慢慢失去眼睛，返回到原始鱼类的状态。虽然有很多专著论述返祖现象，但科学界对返祖一说仍然存在巨大争议。

谈进化的未解之谜

知 识 库

返祖现象与进化论矛盾吗？

不矛盾，进化论是说只要基因突变后，可以生存下来，这个突变就是进化。如果退化了，不适应环境，在恶劣的环境中生存不下去，那这个突变的生物就会死去，不能繁殖后代，它的突变也不会遗传给后代，这个性状就会消失，所以这就不是进化。

猜想二：近亲结婚病变父母纵容爬行

还有一种猜测认为，"爬行家庭"的出现不仅仅是基因，还有其他生理、心理和社会的复杂因素。有科学家指出，"爬行家庭"的行为可能是近亲结婚的恶果，是一种生理病变。

五个爬行的兄弟姐妹头都很小，和他们看起来正常的身体相比似乎没有发育完全。科学家曾对五人的大脑进行扫描，发现五人的小脑发育非常缓慢，导致身体运动严重不协调。在医学上科学家称这种病为囊肿性纤维化或者"头小畸形"。达尔文认为这两种病是人类返祖现象，而现代医学认为，这是遗传性胰腺疾病。

此外研究者发现，父母和社会的影响也可能在一定程度上鼓励了五人的爬行。五人的父母在孩子小的时候就很纵容他们爬行，等孩子大一点也不及时纠正。父母的这种纵容也可能促成"爬行家庭"的产生。

科学家希望通过对"爬行家庭"的研究，绘制出人类进化的完整图谱。比如人类如何从关节行走进化到树上爬行，到手腕爬行，最后可以直立行走。

"爬行家庭"背后隐藏着一个难解的科学之谜——直立行走。根据达尔文进化论，从猿进化到人的过程中，直立行走起到了关键性的作用。原始人类直立行走后，手解放出来用于制作工具、打猎及从事其他高智慧的活动。人类意识也由此产生，人类社会也从这里起步。可以这么说，"爬行家庭"可能掌握着人类发展史的秘密。

想一想，回忆所见所闻，你还见过其他的返祖现象吗？和同学交流一下吧。

谈进化的未解之谜

万　花　筒

返祖现象的科学价值：揭开人类祖先行走之谜

　　"爬行家庭"之所以在科学界引起如此大的争议，是因为"爬行家庭"为人类进化史提供了一个活生生的例证。如果"爬行家庭"被证明是返祖现象，那即是说人类第一次可以亲眼看到 3 亿年前的人类祖先是如何行走，如何生活，人类进化史的研究将出现突破性进展。

谈进化的未解之谜

怪兽情缘——半人半猿

◆人猿头像

每天我们在不经意间注视着从身边走过的人，他们的脸型各异，美丑不一，但都有一个共同的特征——他们和猿有着特殊情缘。

现代社会人们普遍接受达尔文的《进化论》，认为人是从古猿进化而来，我们和猿猴还有着什么样的关系呢？让我们一起来看一看吧。

谈进化的未解之谜

早期猿人

《简易经》里有记载："猿人也，猿猴也，一祖二别也。同是灵物，我别灵而有慧进化也，他别灵而无慧守宗也。"说明猿人和猿猴是一个祖上猿类。猿人和猿猴都是有灵性的动物，只是猿人的灵性有慧根，才进化为人类，而猿猴虽然有灵性，没有智慧就没有进化，基本上守住祖宗的原样，有进化也不大。

科学界普遍认为人是由古猿进化而来。人类从远古祖先可以追溯到生活在距今 2 万～3 万年前的森林古猿。它们在长期的树栖生活过程中，导致四肢逐渐分化，身体结构变化，为身体直立、前后肢分工和发达的感觉系统的形成创造了条件，这是古猿进化的内在根据。距今 2000 万～1200 万年前，地球上出现了广泛的造山运动，原来的茂密森林逐渐被稀疏的林地和林间草原所代替。古猿不得不转向草原生活，变化了的生活环境为森林古猿的进一步分化和发展创造了外部条件。人类在劳动中成长。劳动是整个人类生活的第一个基本条件。劳动使古猿变成了人，又继续推动人类成长。

"能人"是最早出现的人类。一般认为他们从距今 300 多万年开始，到 100 多万年前消失。早期猿人的主要特征是：能制造粗糙的石器，脑子比较小，整个手骨和脚骨已和现代人相似。他们已知道用火，建立了 10 人左右的社会集团，过着共同采集兼狩猎的生活。能人是早期猿人的代表。他们主要生活于距今 300 万～150 万年前。能人曾被认为实

◆早期猿人

际上是南方古猿非洲种的一个变型，但比较合理的看法是：早期的南方古猿向两支发展，一支向更粗硕、牙齿更大的方向发展，另一支向更多增加脑量的方向发展。能人可以作为第一阶段能制造工具的人类。

能人的平均脑量大于南方古猿，小于直立人，男性约 700～800 毫升，女性约 500～600 毫升。上颌和下颌小于南方古猿，在直立人和智人的范围内。门齿和犬齿都相对的较大，后齿仍大，但小于南方古猿，总之咀嚼仍是相当强的。头后

人的脑量不是一直增长的，在从猿到人的进化过程中，脑量始终增长。但现在科学调查表现现在人脑量每年减少100克左右。

骨骼显示与南方古猿一样强壮有力，完全适于两脚直立行走。

晚期猿人

◆人猿石像

距今 150 万年前，进入晚期猿人阶段，据北京猿人资料表明，猿人曾会用不同的石料、不同的方法打制不同类型和不同用途的石器。已能捕捉马、鹿、象和犀牛等大型动物。厚达 6 米的灰烬层说明有用火的经验。过着由几十人结成的家族集体生活。体质特征比早期猿人有很大进步。脑量增大，肢骨和现代人相似，但头骨还有许多原始特征。脑颅比较扁、前额比较低，头盖骨上窄下宽。人类发展第二阶段的代表，生活于早更新世晚期至中更新世（距今约 180 万年前到距今 20 万年前），中国习惯上称为猿人。能两足直立行走，能制造较进步的工具，能用火。在生物学上，直立人与现代人为不同的种。晚期猿人化石分布于亚、非、欧洲许多地点。在直立人之外，1991 年英国的伍德以稍晚于能人而较早于直立人的化石，如库彼福勒的匠人、西班牙的先驱人、海德堡人为人属的一个种，用以代表生活于欧洲的距今 50 万年前后的人类化石。

点击

晚期猿人已经在实践中学会了很多知识，火的使用是一个里程碑。

早期智人

到三四十万年前进入了早期智人阶段。智人的石器规整，用途明确，显示劳动技能有了很大提高。已知道利用兽皮做粗陋的衣服，并学会人工取火。社会形态上正由家族扩大为母系社会。脑量已进入现代人的范围，但头骨形状还比较原始，上小下大，不像现代人接近半球形，眉脊也有些突出。

早期智人虽然较猿人进步，但仍有不少原始性质。他们打制的石器种类更多、更精细，已有复合工具；不但会用天然火，而且会人工生火；已穿兽皮；开始有埋葬死者的风俗；社会形态已进入早期"母系氏族"社会，已从族内婚发展到族外婚，即一氏族的成年男子集体与另一氏族的成年女子结婚。

◆早期智人

链接——母系氏族

氏族社会的早、中期为母系氏族，即建立在母系血缘关系上的社会组织。母系氏族实行原始共产制与平均分配劳动产品。早期母系氏族就有自己的语言、名称。同一氏族有共同的血缘，崇拜共同的祖先。氏族成员生前共同生活，死后葬于共同的氏族墓地。随着原始农业及家畜饲养的出现，作为其发明者的妇女在生产和经济生活中、在社会上受到尊敬，取得主导地位和支配地位。

晚期智人

到三四万年前，进入晚期智人阶段。晚期智人体形结构和脑同现代人已没有多大的区别。他们制造了复合石器、骨器和弓箭，还制造了磨光石器，后来又发明了制陶、纺织、冶炼，出现了金属工具。农业也得到了发展。随着生产力的提高，氏族公社相应地扩大和增加。母系社会转化为父系氏族公社，而后又联合为部落。随着金属工具的发展和生产力的提高，

◆晚期智人

出现了剩余产品，私有制逐渐形成，社会分化为阶级，原始社会逐渐解体，被奴隶社会所代替。这样，史前人类社会便结束了。

新人的体质特征是：额部较垂直，眉嵴微弱；颜面广阔，下颏明显；身体较高，脑容量大，这些特征已很接近现代人。会制造磨光的石器和骨器，已学会钻木取火。山顶洞人的洞穴里发现一枚长82毫米的骨针，表明他们已能用兽皮缝制衣服；还有穿孔的兽牙和贝壳等装饰品，说明他们已达相当的生产水平和文化水平。洞里还找到一块大鲩鱼的上眼骨，推知该鱼长达80厘米，说明他们已有相当高的捕鱼技术。当时的社会，男女已有明确分工，男人打猎捕鱼，女人采集和管理氏族的内部事务。由于还实行群婚制，所以只知其母，不知其父，妇女是氏族的中心。

谈进化的未解之谜

耳闻目击——长耳人从哪来

人类进化了数万年，从善于攀爬的古猿进化成无所不能的现代人。现代人中又有高鼻金发的欧洲人、宽鼻黑发的亚洲人、厚唇卷发的非洲黑人等等。但你是否见过孤悬海外岛屿上的长耳人、崇尚自然的复活节岛人？

长耳人存在吗？不存在？为什么又有他们的雕像。存在？他们在哪居住生活？为什么进化成长耳？为什么不像现代人那样普遍存在？疑问一个接一个地出现，谁能解决？想成为小小科学家的你还等什么，跟随我们的脚步去探索其中的奥秘吧。

◆长耳人

谈进化的未解之谜

"长耳人"何时来到复活节岛？

长耳人，即其长相大致与人类相同，但有一对长长的耳朵，这是他们的特色，人们给他们取名为"长耳人"。

传说，长耳人是在扎帝基国王的带领下，公元300年左右从南美的秘鲁来到复活节岛的。考古学研究表明，早在公元4世纪时，确切地说是在公元398年时，复活节岛就已有人居住了。同其他地方一样，复活节岛的社会历史也经历了崛起、兴盛和衰亡三个阶段。谁也不怀疑，现代生活在复活节岛的人是波利尼西亚人。但是，最早来到复活节岛的人是谁呢？是波利尼西亚人还是别的民族呢？复活节岛上居住着一个民族还是两个民族呢？他们又是怎样飘洋过海来到这个大洋孤岛的？最先发现复活节岛的罗格文上将，他的同行者别列恩斯特看到，某些岛民的耳垂一直拖到肩部，还有的人耳垂上挂着特别的耳饰———白色的圆饼形耳饰。与复活节岛相距数千千米的美拉尼西亚人也有这种习俗，南美印加人的神也有长耳垂，马克萨斯群岛古代居民的耳朵也很长。这种把耳垂拉长的习惯又是从哪儿来的呢？印度迈索尔有一座30米高的花岗岩石雕像———戈麦捷什瓦拉，它于公元938年完工，比复活节岛的最大雕像还要大，其耳垂一直拖到肩上，是一位名副其实的"长耳人"。

探索之路——复活节岛的发现

1722年4月5日，一支荷兰舰队正游弋在距离智利3700千米处的南太平洋上，负责瞭望的水手突然发现远方的海面上出现了一个绿点，看上去像是一片陆地，他立即向身为荷兰海军上将的罗格文船长汇报。这个消息令罗格文惊奇不已，因为海图上标明这一片海域没有任何岛屿。他命令船只靠近目标，待船只驶近后，罗格文看到这确实是一个岛屿，于是便在海图上标下了一个墨点，并在旁边注上"复活节岛"——因为那天正好是复活节。这是一个三角形的岛屿，面积不大，还不到120平方千米。岛上有三座火山，整个岛屿都被火山熔岩和火山灰覆盖着，没有一条河流，也没有任何树木，只有荒草在地上生长。

孤寂的复活节岛

说到复活节岛，首先想到的是那矗立在岛上的600多尊巨人石像。石像造型奇特，雕技精湛，令人赞叹不已。人们不禁要问，这么多的石像是什么人雕凿的？雕刻如此众多石像有什么用？供人欣赏、让人崇拜抑或是仅仅想让人佩服精湛的技术而已？我们不得而知，很多历史学家、考古学家和人类学家也曾到此地考察，企图解释这些问题，但结论不能令人信服。

复活节岛是世界上最孤立的小岛。离它最近的有人居住的地方，西边是1900千米外的小岛皮特克恩，东边是3700千米外的智利，它就像一叶孤舟漂泊在南太平洋的万顷碧波上。一位学者这样说道:"复活节岛的四周是一望无际的海洋和天宇,寂静和安谧笼罩着一切。生活在这儿的人们总是在谛听着什么,虽然他们自己也不知道在倾听什么,并且总是不由自主地感到,似乎门庭外有什么超乎感觉以外的神圣之物存在着。"

有一个大胆的假设,很可能波利尼西亚和复活节岛的祖先是从印度迁徙移居过来的。但这也仅仅是一个假设而已,还未得到考证。

◆长耳人石像

复活节岛上的长耳人

复活节岛上巨大的石雕像大多在海边,有的竖立在草丛中,有的倒在地面上,有的竖在祭坛上。石像一般 7～10 米高,重约 90 吨。它们的头较长,眼窝深,鼻子高,下巴突出,耳朵较长。它们没有脚,双臂垂在身躯两旁,双手放在肚皮上。这些石雕像是用淡黄色火山石雕刻成的。有的石雕像还戴着帽子,帽子是用红色岩石雕成的,高几米,形状像个圆柱。有的石雕像身上还刻着符号,符号有点像纹身图案。除此之外,还有比这些巨大的石雕像还要大一倍的石雕像,但它们多是半成品。

◆长耳人外形

谈进化的未解之谜

寻找解码生命的密钥

复活节岛的神话和传说没有提到霍多·玛多阿来到之前的土著人是什么样子的，但岛上的毛阿依·卡瓦卡瓦小雕像却有可能使人们看到复活节岛早期居民的容貌。毛阿依·卡瓦卡瓦是一种男性木头小雕像，只有30厘米高，雕像上的人身体消瘦，肋骨外突，腹部凹陷，长着长耳朵，留有一把山羊胡子。一些国家的博物馆中，至今还保存着这些用光滑坚硬、闪闪发光的托洛米洛木制成的小雕像。

这些独特的木雕像几乎岛上每个居民家中都有。显然，它们是受到人们崇拜的偶像。第一个来到复活节岛的西方传教士埃仁·埃依洛说："有时我们看到他们把小雕像举到空中，做出各种手势；同时边跳舞边唱着一些毫无意义的歌。我认为，他们并不了解这样做的真正含义，他们只不过是在机械地重复他们从父辈那儿看到的一切而已。如果你去问他们，他们这样做是为了什么，他们会告诉你说，这是他们的习惯。"

点击——小雕像的秘密

这些小雕像是谁雕刻的？它又代表什么呢？人们对此有很多种说法。有人认为，它表现的是经过漫长而又艰难的海上航行后到达复活节岛的最早居民，但复活节岛人却反对此说。因为岛上的神话中说，第一批迁移者的身体都很健壮，而且又带着足够的食品。也有人认为，这些木雕像是些木头傀儡玩具和为死人雕刻的纪念像，雕像上的人物那消瘦的面容和颈部肿大的甲状腺，表明了他们患有内分泌失调的疾病，而鹰钩状的鼻子、张露的牙齿和异常的脊椎骨，又表明了他们曾受到了某种光线的强烈照射。除掉毛阿依·卡瓦卡瓦小雕像外，岛上还有其他许多小雕像。有一个身体消瘦的女性小雕像叫毛阿依·帕阿帕阿，它酷似男性小雕像，也长着一小撮山羊胡子。此外，还有长着两个头的小雕像——毛阿依·阿利思加以及人身鸟头的坦加塔·玛努人鸟像，还有鱼、鸟等许多动物的小雕像。

华丽揭幕——恐龙灭绝之谜

人类在地球上已经有二三百万年的历史了，这段时间算是较长的吧。但是相对恐龙家族来说，那只不过是过眼云烟。

作为一个大的动物家族，恐龙统治了世界长达 1 亿多年，从 1.4 亿年前的三叠纪晚期一直生活到 6500 年前的白垩纪之末，也就是说恐龙灭绝的时间是在 6500 万年前。但是这么庞大的一个家族，怎么说灭绝就灭绝了呢？恐龙灭绝的秘密一直是众说纷纭，你肯定也想知道一些恐龙灭绝的信息吧，来一起看看吧。

◆恐龙化石

谈进化的未解之谜

有趣的恐龙

为什么恐龙会从地球上消失呢？这实在是一桩千古疑案。杀害恐龙的元凶究竟是什么呢？是自然选择地球进化的结果，还是另有原因呢？长期以来，解释这个恐龙灭绝之谜的理论和观点层出不穷。但迄今为止，关于这场大灭绝的原因仍然是一个迷团。

恐龙种类繁多，分类的方法也很多。科学家根据恐龙骨骼化石的形状，把恐龙分为鸟龙类和蜥龙类。根据它们的牙齿化石，可以推断是食草类还是食肉类。根据恐龙的骨骼化石复原情况，我们发现恐龙不仅种类多且它们的形状无奇不有。它们的栖息地也不相同，有的水里游，有的地上爬，有的天上飞。下面简单介绍最早的始盗龙和脖子最长的梁龙。

◆始盗龙

谈进化的未解之谜

◆梁龙

根据始盗龙的骨骼化石可以清楚地知道，它是一种依靠后肢两足行走的兽脚亚目食肉恐龙，但也有可能时不时"手脚并用"。虽然始盗龙仍像它的初龙老祖宗一样有5根趾头，但其第5根趾头已经退化，变得很小了。始盗龙手臂及腿部的骨骼薄且中空，站立时依靠它脚掌中间的三根脚趾来支撑它全身的重量，后来它的兽脚亚目子孙们都继承了这两个特征。不同的是，始盗龙的第4根即最后一根脚趾只是起到行进中辅助支撑的作用。

梁龙是头巨大的恐龙，它脖子长7.8米，尾巴13.5米。全长27米，堪称恐龙世界中的体长冠军。尽管梁龙体型庞大，脑袋却玲珑小巧。嘴的前部长着扁平的牙齿，嘴的侧面和后部则没有牙齿。它的前腿比后腿短，每只脚上有5个脚趾，其中的一个脚趾长着爪子。梁龙成群活动，行走非常慢。梁龙不做窝，它们一边走路一边生恐龙蛋，因此恐龙蛋形成一条长长的线。因为梁龙的大脑很小且不发达，所以它们不知道要照顾自己的孩子。梁龙是食草动物，吃东西时，它不咀嚼，而是将树叶等食物直接吞下去。梁龙还会成为一些大型肉食恐龙掠食的对象。如果让20个10岁左右的小朋友头脚相接地躺在地上，他们组成的长度基本上同梁龙的体长差不多。梁龙的脖子又细又长，尾巴像鞭子，4条腿像巨石柱子一般。

梁龙的后肢比前肢稍长，故它的臀部高于前肩。从其纤细、小巧的脑袋到其巨大无比的尾巴顶梢，梁龙的身体被一串相互连接的中轴骨骼支撑着，我们称其为脊椎骨。它的脖子是由 15 块脊椎骨组成，胸部和背部有 10 块脊椎骨，而细长的尾巴内竟有大约 70 块脊椎骨。尽管梁龙身体庞大，但它完全可以用脖子和尾巴的力量将自己从地面上支撑起来。梁龙能用它强有力的尾巴来鞭打敌人，迫使进攻者后退；或者用后腿站立，用尾巴支持部分体重，以便能用巨大的前肢来保护自己。梁龙前肢内侧脚趾上有一个巨大而弯曲的爪，那可是它锋利的武器。就像人类的脚后跟一样，梁龙的脚下大概也生有能将其脚趾垫起来的脚掌垫。有了它，梁龙在行走时就不会因为支持沉重的身体而使肌肉感到太吃力。

恐龙灭绝的原因

科学家们经过不断的探索，分析研究了到目前为止可以发现的任何线索，提出了解释这一大灭绝现象的各种理论。如小行星撞击论、大规模海

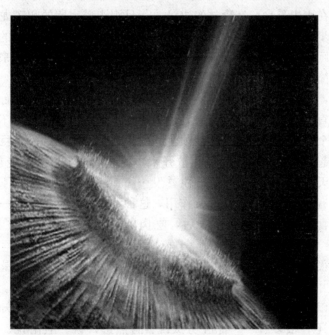

◆陨星撞击地球

谈进化的未解之谜

◆恐龙大量死亡

底火山爆发论、繁殖受挫理论、气候骤变论、大气成分变化论、免疫缺陷论、彗星撞击论等，但是至今，关于这场大灭绝的原因仍然没有找到让人信服的答案。也就是说，恐龙灭绝的原因仍是一个谜。

比较权威的观点认为，恐龙的灭绝和 6500 万年前的一颗大陨星有关。美国地质学家阿尔瓦雷茨等人根据他们的研究成果，形象生动地宣讲了一段发生在距今 6500 万年前的惊心动魄的故事：在一个阳光灿烂的下午，烈日照耀下的热带灌木林中，许多不同种类和形态的恐龙平静地像往常一样在湖边漫步，有的在水中觅食。在森林的边缘，一只刚刚孵完卵的鸭嘴龙正在蛋巢边来回踱步；在一片开阔的原野上，一只霸王龙正朝一只巨大的三角龙走去；一头巨大无比的梁龙，正在湖岸上晒太阳……这一切看起来是多么的和谐，这简直就是人间天堂，是世外桃源。

突然，一声从来没有听到过的巨大响声打破了这个宁静而和谐的世界。一个直径几千米大的陨石星猛烈地撞到地球上。这一撞可不得了，相当于几万个原子弹威力的爆炸在顷刻间发生。卷着尘埃的一个巨大的蘑菇云迅猛升起，直冲天空，而后弥散开来，最后把整个地球都笼罩在里面。一时间昏天黑地，雪山融化，山洪暴发……很快，恐龙彼此看不见了，因为白天没有阳光，植物停止光合作用，这种可怕的情况持续了一两年。吃植物的素食恐龙相继死去。之后，吃肉的恐龙也由于失去了食物而灭绝了。

也有很多科学家对这种说法持怀疑态度，他们认为在陨星撞击地球后，恐龙并没有突然全部灭绝，而是大约又生存了 75 万年左右。因为像蛙类、鳄鱼以及其他许多生物都生存下来了。迄今为止，较为人知的恐龙灭绝的理论还有很多种——优胜劣汰说、自然选择说、酸雨说、火山喷发说、哺乳类进化说、综合原因分析说等等，"陨星撞击说"只是其中之一。

谈进化的未解之谜

恐龙灭绝的原因给我们的启示：不论以上的观点是否成立，但我们相信任何一种生物都要经历产生、发展、繁盛、死亡的过程，就像每一个人都要经历生老病死一样。这是大自然的规律，并不会因为哪一物种的强大繁盛而改变。恐龙灭绝了，随后又出现了一个崭新的时代，更多的更高级的生物把地球装点得更加绚丽。留给科学家的将是珍贵的恐龙化石，它将指引科学家不断地钻研。在不久的将来，恐龙灭绝之谜有望被解开。

知识库

恐龙都是卵生的吗?

　　在人们的脑海中，恐龙都是卵生的，小恐龙都是从蛋壳里钻出来的。可是，美国科罗拉多大学博物馆古生物馆馆长贝克在研究了一具奇特的化石之后，说雷龙是胎生的，他发现，在雷龙留下的脚印化石中，小雷龙的脚印都比较大，如果是卵生，孵化出来的小雷龙脚印肯定非常小，但却找不到那么小的脚印。

有色恐龙华丽登场

　　近日，在中国热河生物群的古鸟类和恐龙皮肤衍生物中发现存在黑色素体。这是古生物学家首次发现恐龙羽毛颜色的证据，也是证明生活在1.25亿年前的一些古鸟类和带毛的恐龙具有"色彩斑斓的基础"。

小资料——有色动物的相继发现

　　10多年前，身披羽毛的恐龙中华龙鸟、中国鸟龙和古鸟类孔子鸟，丰富了我们对1亿多年前地球上生物的了解。但对其进一步的研究并没有停止，研究发现，巴西白垩世的化石羽毛中包含真黑色素体，化石中保存了许多黑色素结构。这一研究为羽毛起源、鸟类起源及鸟类羽恐龙的系统关系等问题的研究提供了新证据。

　　科学家在对孔子鸟的一枚羽毛化石进行研究后发现，羽毛颜色的变化从黑色到棕色。中华龙鸟尾巴黑色部分则明显带有褐黑色。为此，英国布里斯托尔大学

谈进化的未解之谜

地球科学系教授班顿指出，中华龙鸟的尾羽呈现栗色到赤褐色的条状。

研究人员推测，带毛的恐龙和古鸟类的身体已经具有以灰色、褐色、黄色及红色为主要色彩的基础。假设以上色彩能够产生不同比例的组合。那么 1.25 亿年前的鸟类和恐龙可能和今天的鸟类一样五颜六色。

以上发现为鸟类起源于恐龙学说提供了新证据，也为以后的相关研究提供了一个新视野。关于恐龙的种种，现在你有一个大概的了解了吗？

谈进化的未解之谜

一叶知秋

——进化的未来遐想

人类在继续进化吗？进化在加速吗？人类是否会和恐龙一样是过眼云烟呢？地球上的生物会永远存在吗？人类未来会不会成为像大熊猫一样的活化石……

假如人类仍在进化，那进化的速度是多少？假如人类和恐龙命运一样，那么谁是后人类时代的主宰者？假如地球上的生物大灭绝了，那还要过多久……

在这章里，我们将对未来的进化结果进行大胆的遐想。

与时间赛跑
——人类的进化是否在加速？

世间的万事万物，还有可以跑过时间的吗？人类似乎有这样一种想法：过去的1万年里，人类已经不再进化。但各种迹象表明，人类不曾停止过进化，其进化的速度仍在加快。

人类的进化就如同一盘棋，在前进，也只能前进，这是自然规律。就让我们一起品读、一起研究人类的进化、一起思考人类的进化是否加速之谜。追随时间的脚步，和时间一起赛跑吧。

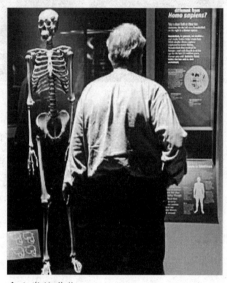

◆人类的进化

人类的进化经历了早期猿人、晚期猿人、早期智人到晚期智人的阶段，那么我们的进化速度如何呢？在世界许多地区，安逸的生活和美味的食物使人类的寿命延长，因此人们认为人类的进化速度已经停止。但一项新的研究显示，人类的进化在加速。到底是已经停止还是在加速？光凭猜测或想象是无法确定的。

有趣的进化在加速

2009年4月，美国人类体格学协会在芝加哥举行了年会。与会者对"进化仍在进行"的观点持有争议。美国新出版一本书《一万年之大爆发》，书中也将这个问题作为需要探讨和解决的问题之一。该书认为，辐

谈进化的未解之谜

谈 进 化 的 未 解 之 谜

寻找解码生命的密钥

◆人类的进化加速

射、吸烟、污染及其他有毒化学物质能使染色体发生变异，有些变异对人类是有益的，还有一部分是有害的或者是不产生任何作用的。根据达尔文的"自然选择"学说，有益的基因突变将会遗传给下一代。

比如，黑色皮肤的非洲人移居到北欧后，控制肤色的基因会产生微妙的变化，但继续留在非洲的人则不会发生这种变化。因为黑色皮肤可以保护生活在非洲的人免遭紫外线的照射而产生皮肤癌。浅肤色的北欧人在阳光的照射下可以生成更多的维生素 D 来促进钙的吸收，从而有利于他们骨骼的生长，使得他们更好地发育。又如，在非洲南部肆虐的艾滋病可以让那里的人们对艾滋病病毒产生基因突变，也就是说会产生一种抗体来对抗艾滋病病毒，久而久之这种抗体会在非洲人中遗传下来。

哈彭丁指出，目前人类已经发生了很多基因进化，有几百种甚至是上千种。另一位人类学家也表示，如今人类的进化速度增加了上百倍，人类数量的快速增长就是一个重要原因。

知识窗

《一万年之大爆发》

这本书的作者之一亨利·哈彭丁称："上个世纪的很长一段时间内，社会学家错误地认为人类进化在很久之前就已经停止。"很明显，这种想法是错误的，人类的进化还在继续。人类学家在书中提道："一万年来，人类的进化在加速，并没有停止或是倒退。且进化的迅速程度已经使人类在身体和思维上发生了重大的变化。"这就是该书所阐述的主要观点。

· 196 ·　　　　　　　　"科学就在你身边"系列

令人信服的进化在加速

2007 年，某出版物报道：美国犹他大学教授亨利·哈本丁等分析了 270 个人的 390 万种单核苷酸多态性，来寻找过去 8 万年来人类遗传变异的证据。这些人分别来自中国汉族、日本人、非洲约鲁巴人以及北欧人。

研究结果显示，有 7％的人类基因正经历新近的快速的变化。进一步显示进化速度并不是不变的，而是存在着一个进化的加速。哈本丁说：“不同人种正向彼此远离的方

◆大脑加速进化

向进化，我们的差异越来越大，而且不同大陆上人群进化情况也不相同，人类正变得越来越不同。”他认为这种现象的原因在于：大约 4 万年前人类从非洲迁移至各大洲，而那之后各地区间基因流动不多。但他同时认为，这种人类进化的加速只是一种短暂的现象。

有学者认为研究结果破坏了人类的公平，并支持种族主义。他们认为：“人类各种族之间的进化也有不同，非洲、亚洲和欧洲的基因进化较快。”过去 1 万年间，人口由几百万增长到几十亿，人口的增长加速了人类的进化速度。人类要适应这种变化，以致更多的人口产生更多的基因变种。

还有学者认为文化影响更重要，科学家发现，微脑磷脂基因发生变异是在大约 37000 年前。那时正是艺术、音乐和工具制造出现的时期。而基因发生变异的时间是在大约 5800 年前，基本上和书面语言的发展、农业的扩展和城市的发展处在同一时期。拉恩说：“人类最近的基因进化在某些方面可能与文化的进化有关。”

链 接

目前的证据表明，最近 5000 年来，人类进化的速度比以前加速了 100 倍，最关键因素是人口的倍增，这使人类基因库的"库存"呈几何级数增加，从而使各种基因突变的发生提供了可能。

广角镜——进化停止原因有三

伦敦大学教授斯蒂夫·琼斯称，人类进化已经停止，并表示进化停滞有三个原因：第一，促进人类进化的动力——如自然选择和基因突变等已经不在人类生活中占有重要地位；第二，人类生育的年龄不断推迟，尤其是男性，其精子能力弱化，也更易出现基因"错码"；第三，随机性。当少量人口在与外界隔绝的状态下生活时会任意改变，因为其基因会偶然丢失。

狩猎加速动物进化

有意思的是，人类的活动加速了动物的进化。科学家发现，300 多种动物在体型和繁殖能力方面的进化速度，要比没有人类的自然进化速度快 3 倍。

美国加州大学学者克里斯·达莱蒙特说，对动物王国影响最大的是大规模的商业打猎和捕鱼，这种影响已经开始威胁到一些物种的生存。他说："令人感到吃惊的是，动物具有非常强的应变能力，这种进化通常在动物寿命耗尽之前就可完成。商业打猎和捕鱼唤醒了这些生物快速改变的潜在能力。"

谈进化的未解之谜

小贴士——动物发生进化有两种方式

动物发生进化以两种方式进行：一是"逃避遗传"，人类捕猎迫使鱼类体型向更小化发展，这样它们就能够通过网眼幸存下来，繁殖后代；另外一种改变进程叫做"可塑性"。比如鱼类生存的环境有许多食物，但鱼的总数很少。这些鱼就会吃得更多，个体成熟得更早。

◆动物的伪装

人类的未来

面对人类进化的加速，人类的未来会怎样？有的人类学家认为，可能产生新的人种。英国进化论学者奥利弗·库里预言，由于不同种族存在通婚，整个人类将在几千年后进化成一种2米左右的棕色皮肤的巨人。英国科学家对人类的未来大胆预言：10万年后，人类可能分化成身材高大、健康聪明的精英或者是身材矮小、呆笨貌丑的怪物。

总之，人类进化的话题太多、太广。目前为止，仍有许多谜团有待科学家去破解。

谈进化的未解之谜

希望之神
——人体有望再生出器官

谈进化的未解之谜

◆火蜥蜴

自然界中，蝾螈能生出断了的尾巴、脚、上下颚、眼球、视网膜、肠；斑马鱼能再长出鳍、鳞、脊髓和部分心脏；蜥蜴在受攻击时，会弃掉部分或整条尾巴，但3到4个月后新的尾巴就可以再生。

这些例子让你感到很神奇吧，大自然的神奇让人惊叹不已，佩服的同时不禁让人想问是什么让它们拥有这样的本领呢？我们人类也可以这样吗？下面，就让我们一探究竟吧！

很多神奇的动物都有一种特殊的本领，它们失去身体的一部分后还可以再长出来。虽然人类或许永远不能拥有同样的能力，但是，科学家正在想方设法利用干细胞或开启细胞再生和成长的技术创造各种替换组织。可能不久的将来"人类备用组织"就会变成现实。就让我们追随科学家的脚步一起来看看器官是怎样再生的吧，也许你会更了解它们，也许你会有新的想法。

火蜥蜴再生之启示

许多生物都有肢体再生能力，火蜥蜴的再生能力最强。科学家通过研究火蜥蜴被切除的腿的再生发现，这项功能可应用在人类的身上。

首先，人类等哺乳动物的皮肤可以再生，或者折断的骨骼可以重新结合在一起，但是火蜥蜴不仅可以再生被切掉的四肢，甚至受损的大脑也能再生。到目前为止，不考虑两栖动物的再生窍门的生物学家，一般认为它们利用被称作胚基的"多能"细胞再生，这种细胞在切除术中起着重要作用。

火蜥蜴是自然界最奇特的一种动物，它们的再生能力令人吃惊。

◆神奇美丽的海星

其实，所有哺乳动物也能重新修复其身体的破损部位，它们都能再生出肝脏。有报告称，一个人的肝脏手术切除75％之后，2～3个星期就能长到原来差不多的大小。鹿能再长出鹿角，有一些鹿角的生长速度达到了1天2厘米，是动物器官再生速度最快的。还有人体指尖如果只砍掉了前端一点点，就有可能再生出来。更为神奇的是，母体内不超过6个月大的婴儿也有这种奇迹般的康复能力。科学家们发现，如果给母体内不超过6个月大的婴儿做手术，婴儿出生后，身上根本找不到手术留下的痕迹。但是，随着婴儿渐渐长大，这种完美无缺的康复功能也随之丧失。

资料包——细胞功能

科学家通过多年的研究和分析发现，在许多情况下，当成熟的细胞受伤处开始回归到不成熟状态时，再生就开始了。大量的不成熟细胞，例如胚基会再生出缺失的肢体，其过程就像动物开始孕育时胚胎的形成过程。两栖类动物自我修复的秘诀是由于它们"未来器官"的细胞在初步成长时，并未完全发育，导致它们

谈进化的未解之谜

最后发育成肢体或者器官。换句话说，一种两栖动物的骨细胞、皮肤细胞和血液细胞的任何部位只要发生病变，相应部位的细胞将转变为一些没有特征和区别的细胞，未完全发育的细胞将采取积极态度，自动快速转变成相应部位的完整细胞。最后，这些细胞将长成一只新的爪子或器官。研究人员相信，人类最终能够在未来的某一天具备再生能力。因为人类的细胞先天已经具备了发育新肢体部位的能力。在胎儿发育的过程中，人体内的细胞发展证实了这一点。另外，细胞内的DNA也具备着新器官长成的"指示密码"。目前，人类的工作是找到指示密码，像打开开关一样，将细胞的潜在功能挖掘出来。

人体有望再生的器官

（一）受损心脏补丁

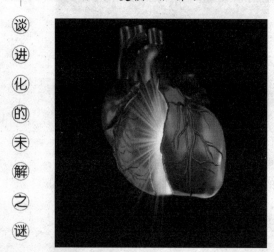

◆人体心脏修复

　　利用胚胎干细胞来培育心脏修复组织的想法并不那么少见，但早期的实验有一个难题：因为氧气和养分只能渗入心脏"补丁"组织的外层，所以位于中间的细胞很难存活。但现在有了进展，华盛顿大学的研究人员试验了一项新技术，他们把脉管细胞的干细胞和来自干细胞的心肌细胞混合一起。其结果是这种心脏组织补片形成血管网，保持它们活着和获得营养。给老鼠植入组织补片后，新的血管网与现有的血管成功连接，这一试验为将来用这种补片为人类受损心脏提供长期修补的解决方法带来希望。你可以想象：假如受损心脏可以修补，它意味着什么呢？

（二）脊髓再生

　　脊髓损伤通常被认为是永久性的，因为一旦受损后神经系统就会生成厚厚的瘢痕组织，这会阻止新神经再生。佐治亚理工学院和埃默里大学的研究人员分离出一种能慢慢消除瘢痕组织的稳定的酶，这种酶能让身体自然修复机制起作用。生物医学工程师拉维·贝拉姆科达表示："修复脊髓损伤还要结合一系列的治疗，如控制损伤后的炎症、克服抑制性疤痕，以及刺激神经系统等。我们正朝着实现这个成功目标的方向迈出新的一步。"

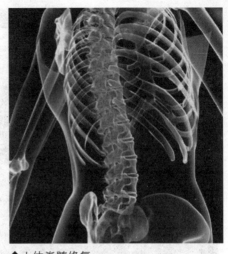

◆人体脊髓修复

（三）实验室培养出的肺

从理论上讲，胚胎干细胞可以转变成数百种不同的组织，但要想让它们只是生成一个精确类型的组织却谈何容易。不过，布鲁塞尔自由大学的研究人员在将人体干细胞转变为肺上皮细胞的研究中取得了新的突破。他们将干细胞置于与人体气管环境相同的气液培养体中，以促使细胞能分化出适应环境条件的组织类型。如果实验室培养的肺组织获得临床研究验证成功，就将成为囊肿性纤维化和其他肺部疾病患者的福音，因为无需再进行肺部移植手术，就可修复病变和受损的肺组织。这真的是一项了不起的突破。

 链 接

科学家们预言人体五大器官再生有望梦想成真，还有两大器官，你知道是什么吗？

另外，两大再生技术分别是培育备用手和腿、植入天然乳房组织。具体步骤和作用请读者查阅相关资料。

谈进化的未解之谜

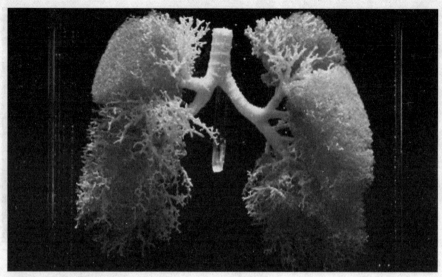

◆实验室培养出的肺

广角镜——器官再生机理

　　器官再生机理关键在于动物体内的再生基因，人体内潜藏着再生基因，但不再发挥作用。科研人员发现，动物的再生机理基于动物的基因装备，只是这些基因由于各种原因而在许多物种中废退了，他们觉得人体内潜藏着可以自愈创伤甚至再生组织的基因。

　　现在的首要任务是确定令胎儿具有自愈功能的基因是什么，胎儿长大后，为什么会丧失这种宝贵的自愈功能。

　　器官再生的应用前景是用在残疾人身上，给残疾人打一针，失去的身体部位就能慢慢地再生出来。因为有关这方面的研究相对较少，对再生动物的基因认识还不充分，科学家对此关注不够等等，所以这一天的到来还要等好长时间，甚至几十年，但人类的美好梦想终将变为现实。

谈进化的未解之谜

奇思妙想
——人类未来进化结果的猜想

　　人类的进化何时是尽头，这样进化下去，人类的未来会怎样？沧海桑田，世事变化莫测。物是人非，一切归于自然。白昼黑夜、日复一日，春华秋实、四季轮回，事在人为。

　　尽管连科学家都无法预知人类的未来，但我们可以用聪明的大脑大胆地猜想。来吧，让我们一起置身于幻想世界。

◆幻想腾云驾雾

未来社会

　　人类未来将进化成什么样子或人类未来进化的方向如何？对于这个问题科学家们一直莫衷一是。根据已有的进化理论和目前人类发展的状况，科学家给出了今后几十年社会的发展趋势。科学家还预测了人类未来发展的5种方向。

　　意大利国家研究中心意大利和地中海地区古代文明研究员恩里克·比耐利预测：10年之后，埃特鲁斯人的文字之谜将被破解。

　　米兰肿瘤研究所诊断和内窥镜外科主任帕斯夸勒·斯皮内里预测：10年后，人类将战胜癌症。

　　罗马大学生物医学院人工智能教授桑德罗·因切蒂预测：10年之后，电子计算机将比现在的小得多，至少是比现在的小千分之一，人类将生活在人工智能的世界里。

　　米兰圣·拉斐尔医院干细胞研究所研究员安吉尔·韦斯科维认为：由

谈进化的未解之谜

◆未来几十年社会是什么样的

于干细胞研究的进步，25年后人类的衰老将被延缓，人类很有可能活到200岁。

生物学家乔治·切利预测：30年后人权将延伸至能够用哑语与人类交流的灵长目动物。

米兰工学院能源系能源转换教授恩尼奥·马奇预测：40年后，石油将不再污染环境，经济的发展将建立在清洁能源的可持续发展的基础上。

万花筒

英国生物学家道金斯认为：提前对人类未来发展进行预测是一种轻率的举措；很多科学家认为：目前对人类未来发展进行预测为时过早，因为科学家连未来1000年人类怎样适应错综复杂的环境变化都不能预测，就更别提上百万年了；美国华盛顿大学古生物学家彼得·沃特在《未来进化》一书中推测：人类至少还能生存5亿年之久。

纽约哥伦比亚大学名誉教授乔瓦尼·萨尔托里认为：假如人口增长不停止，再过40年地球将出现"衰竭"。美国托马斯杰佛逊大学器官移植研究中心教授伊纳齐奥·马利诺预测：器官移植将被人类接受，因为这种移植将被生物分子和肝细胞的研究成果所取代。

人类未来发展方向

离开地球的"太空人"

如果人类的寿命足够长，那么为了生存，人类只能向其他星球移居，从而形成新的人种。新的恒星球距离地球不能太远也不能太近，目前已知距离地球最近的恒星是天苑四，它距离地球 10.5 光年。假使宇宙飞船能以光速 1‰的速度飞行，那么人类也需要一千多年才能到达。如果想要到达遥远的星球，科学家就必须建造大型太空飞船。在星际旅行期间，他们的形体和头发将会发生变化。科学家还提出了其他几种方案："搜寻地外文明"研究所的

◆太空人

科学家塞思·索斯塔克解释说，最终的方法是制造人的指令，而不是把人类本身送到目的地。机器人在某个行星上建设了基地之后，利用收到的人类指令制造出新的人类。

知识窗

中国太空人

2003 年 10 月 15 日，"神舟五号"进入太空，航天员杨利伟历时 21 小时返回地球。

2005 年 10 月 12 日，航天员费俊龙和聂海胜随同"神舟六号"进入太空，历时 5 天返回地球。

2008 年 9 月 25 日，航天员翟志刚、景海鹏和刘伯明随同"神舟七号"进入太空，历时 2 天 20 小时 28 分返回地球。

不再分化的"单一人"

所谓"单一人"，就是不同肤色的人融合到一起，眼睛比现代人大，种族特征逐渐淡化。生物学家表示，一个物种的不同种群只有互相隔离才能使这些种群分化成不同的物种。美国杜克大学生物多样性专家斯图亚特·皮姆指出，人类不但停止了分化，反而"聚合"。他还指出：人类目前拥有了 6500 种语言，发展到下一代，很有可能只剩下 600 种。实际上人类每时每刻都在进化，100 万年后，高度全球化的后果可能是不同人种均被同化，不同肤色融合到一起，种族特征逐渐消失。正是这一进程，厄瓜多尔西部加拉帕戈斯群岛才出现了 13 种不同种类的"达尔文雀鸟"。但如

谈进化的未解之谜

◆不再分化的"单一人"

◆幸存人

谈进化的未解之谜

果人类分布越来越广泛，难道人类就不再具有进一步分化的可能？随着人类社会全球化的快速发展，文化多样性也在退化。

难道这真是人类面临的挑战？如果我们知道怎样取得政治和经济方面的长期稳定，抑制人口增长，那么"单一人"的全球文化的前景将无限美好。但如果像其他单一文化一样，"单一人"也许更容易受到迅速蔓延的疾病的威胁，比如禽流感。此外生物学家还指出，"单一人"还必须面对环境进化压力的挑战。

历经灾难的"幸存人"

"幸存人"是指具有抗辐射能力，连眉毛和皮肤都能防辐射的人。

如果灾难不期而至，人类还能幸存吗？从大洪水、瘟疫、核战争到小行星撞击地球，这些灾难有可能一夜之间将人类文明完全摧毁，使得劫后余生的人们只能走上他们自己的进化道路。在科幻电影中，人类无论遇到什么样的困难，最终经过艰苦卓绝的斗争都能活下来。正如进化理论所称，即使人类出现种族分化，到最后也会有一个种族完全取代或同化其竞争者。

尼安德特人就可以充分说明这一点。就如古生物学者彼得·德所说："除非人类完全不知道怎样造船，否则我们就能卷土重来。"如果全球遭受致命生化恐怖袭击，对该生化病毒具有抵抗力的人将存活下来，并在被污染的环境下繁衍具有免疫力的后代，而那些没有免疫力但在庇护所求生的人就在被隔离的区域形成自己的种族。

才智过人的"半机器人"

人类同机械结合，最终将无所畏惧。今天，随着自动化技术的快速发展，一些专家开始担心人工智能可能会超过人类天生的聪明才智。但某些领域，人工智能已经超过了人类的大脑：1997年超级计算机"深蓝"就战胜了国际象棋大师卡斯帕罗夫。三年后，一位计算机专家预言，人类不久将面临智能机器以及大规模杀伤性武器等技术的挑战。

未来，技术的发展允许科学家在人类大脑内植入智能芯片，让我们更加聪明。但问题是，在身体中加入了智能机器后，人类作为一个

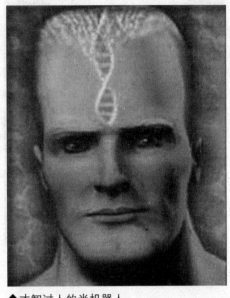

◆才智过人的半机器人

自然物种还能生存吗？科学家推测，真正具有智能的机器人很可能在2030年前诞生。但问题是，一旦半机械人的发展超出我们的控制范围，那么就会对人类构成挑战，甚至威胁到人类的生存。

与药物相结合的"基因人"

基因人就是基因和药物相结合，使其智力增强，体格更强壮，体质更好。社会评论家约耳·加罗认为，基因技术目前发展迅速，而塑造"基因人"也代表着人类进化的新类型。这种基因进化比生物进化甚至是文化进化来得更加迅速。生物进化用了数百万年，意味着文化进化时间最少也有数百年，基因进化成一个新人种需要多长时间呢？加罗的答案是20年。他在其新书《激进的进化》中说，从"胆固醇超人"、装备有摄像机的无人机到能让士兵几天几夜不吃不喝的药丸，高科技的力量如今存在于我们生活的方方面面。

布朗大学肯·米勒指出，在过去，医学进化事实上起到了社会平等"平衡器"的作用。由于世界各国采取措施，提高公共卫生水平，天花和

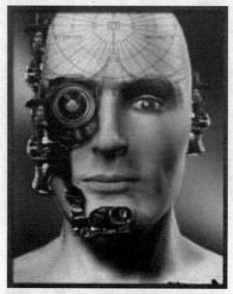

◆基因人

脊髓灰质炎等由来已久的疾病已经根治。随着科学家对疾病的遗传根源了解越多，这种趋势还有可能持续下去。可以想见，一旦科学家找到衰老和疾病的基因特征，那么我们到了百岁仍能保持最佳工作状态，甚至这些基因还会遗传给下一代。但要制造出"基因人"，科学家还需要跨越技术和伦理道德上的障碍。目前为止，基因疗法只对个人起作用，这种疗法还不能在后代身上维持。

对未来进化结果的猜想似乎是永无止境的，最后将进化成什么，只有时间能证明一切。

谈进化的未解之谜

谁与争锋——后人类时代地球霸主

地球已经存在 46 亿年了，而人类从混沌初开的上古洪荒，到今天的高度文明，仅用了地球年龄千万分之一的时间，但后人类时代的规划已不得不引起大家的注意。

在后人类时代，地球将会怎么样？谁又会继人类之后统治地球？有科学家说，后人类时代人类将不再是万物之灵，机器将会接管人类的统治。事实真的会按他们的猜测进行吗？让我们一起来猜想一番吧……

◆人类美丽的家园

人类前进的步伐

有的机器不仅具有智能，而且具有灵魂，具有人类的意识、情绪和欲望……如果真是这样，有的科学家这样预测人类的未来：人的大脑中植入了电脑芯片，人的身体安装了用生物工程和纳米材料制成的人造器官，将来的人类将比现代人类更长寿，有更强的学习能力，更灵敏的视觉和听觉，人类与其开发的更先进的智能技术合而为一，成为新型的智能实体。这种智能实体将取代人类"万物之灵"、"世界霸主"的地位。

点击——人类成长历程

人类——"万物之灵"，同宇宙的一切事物一样，都有其"成长"的规律。我们可将其成长的历程划分为三个阶段。

谈进化的未解之谜

第一阶段：前人类时代，起始于500万年前～200万年前。类人动物（灵长目动物，猿的分支），开始用两脚直立行走，学会使用简单的石制工具，学会用火，使用简单的语言。终结点是1万年前～6千年前，人类发展出现了"城市"，农业已经初具规模，技术（机械动力）时代开始。

第二阶段：人类时代，起始点是1万年前，农业（机械动力）时代开始，直到21世纪的初叶。这个时代是人类成熟地使用技术和智能，是计算机（机械电子光学）达到人脑的智能水平的阶段。技术和智能在发展过程中逐步地给人类带来许多的便利，使人类的生存（生活）质量一步步得到提高，人类的寿命得以延长。

第三阶段：后人类时代，后人类时代起始于21世纪初叶的2020年以后，预测这个时代可能经历这样三个不同的时期。

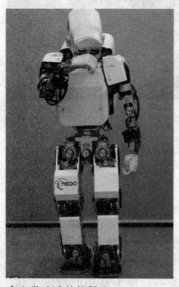

◆人类改造的机器人

谈进化的未解之谜

后人类时代第一期：充分享受技术智能，广泛的神经植入物被采用，人类的视力、听力、语言翻译、记忆、逻辑推理能力都大幅度提高，使得虚拟现实的产生已经不需要处在一个"完全接触的围墙"之中。电脑（机器人）开始与人类讨论扩大"人"的定义（范围），机器人争取"人"的权力的运动越演越烈。

后人类时代第二期：人机共存、抗衡时期。这个时期可能要持续一段比较长的时间。这个时期，技术智能更是以指数模式发展。生物工程，纳米技术突飞猛进，用纳米技术生产的食品被普遍使用，已经具有与有机食品同样的色、香、味、形。纳米（甚至皮米）机器人被用于制造人类的视觉、听觉、味觉、触觉和虚拟现实中的目标（如：纳米雾）。人与机器的"统治权"之争越演越烈，逐渐地，人类由主动地位变成从属地位。

后人类时代第三期：新型的智能实体（智能生物与其开发的更先进的技术智能合而为一的实体）统治时期。随着原人（没经过任何改造升级的以碳基细胞为主体的人）数量减少，更主要的是智能实体，其智力层次高于原人1～2个数量级，原人的社会地位必然越来越低下，一步步退出社会历史的舞台。这个时期，从人类精英的智能模型扩展衍生出来的智能实体的大脑已经不再是基于碳元素的细胞，而是基于电子、光子的计算单元（或者是复合体），就是那些仍然在使用以碳元素为基础的神经细胞的人类，大多数都采用神经植入技术进行"升级"，升级后的"碳基人"极大地扩大了感觉、记忆和认知能

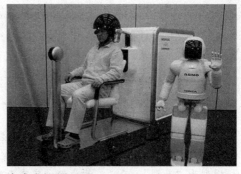

◆未来机器人

力，才有能力与智能实体进行交流，共同活跃在社会舞台。那些没有经过升级的"原人"就无法在社会上立足。随着时代的前进，会产生越来越多的"意识实体"，他们主要是用"软件"形成的，没有永久性的实际外形（虚拟躯体由瞬间重组型纳米机器人集群生成）。所以对他们而言，"寿命"已经不再有什么意义了。

万物之灵的归宿

人类从 500 万年前"站"起来以后，在众多的同类（智人种、尼安德特人种等）中脱颖而出。在生存的竞争中逐步地应用技术和智能，不断发展、壮大，一步一步地成了世界的霸主，进而确立了"万物之灵"的地位。随着时间的推进，人类变了，变得残暴，变得贪婪，依靠其掌握的技术智能凌驾于其他生灵之上，肆意奴役，残忍戮杀其他生灵；肆无忌惮地破坏自然生态；最后发展到为了一己私利（所谓国家、民族、政党的利益）进行互相争夺、互相残杀的地步。人类腐朽了、没落了，必然就会有新生的物种产生，取而代之。

在前面分析的后人类时代的第三期里，新生的智能实体一步步确立了统治地位。那么原人，就是指没有升级的人类的命运如何呢？

可想而知，他们凭低下的智能是根本不会胜利的。他们有的流落街头，有的"占山为王"当起了绿林好汉，最后就可能归隐山林，重新进入原始人的生活状态。

以上的分析初看似乎有些骇人听闻，但并非绝对荒诞无稽，在那么多

谈进化的未解之谜

的高技术和高智能情况下，会有许多意想不到的事情发生。

遐想天空——人类未来命运

我们分析人类可能有以下四种命运：

第一种，就是人类的精英们成为他们发展的技术和智能新实体的"母型"。新的智能实体最初的"智能模型"是通过把精英们的大脑进行整体扫描得到的认知模型为"母型"。而后一步步经过实践而发展完善的。

第二种，就是为生存的需要，许多人类被"升级"（植入神经芯片）成为"人—机"复合体。这些人可能成为那时社会的主体。以上这两种"人"的智能都被提高了 2~3 个数量级（相对于没有升级的人而言）。

第三种，就是顽固的不进行"升级"的人，他们由于能力低下，可能沦落成乞丐，乃至于新型"宠物"（类似于我们今天看到的动物表演中的猴子、狗熊、海豚等）。更有甚者可能被智能实体"圈养"，就像现在许多家中养的宠物猫、宠物狗一样。

第四种，就是我们最不希望看到的，那些顽固地不进行"升级"的人，还对技术和智能的成功抱有敌意，是那个时代的"卢德分子"。他们可能进行反抗、破坏，进行"游击战争"。

人类进化为机器人的阻力和失败

进化之路充满荆棘与坎坷，有时可能是停止，甚至还可以发生暂时的倒退，但是历史前进的趋势必然依旧。

人类发展的大多数阶段，国家与国家、民族与民族、党派与党派之间的斗争频繁出现。西方有，东方也有。几乎是每当改朝换代之时，十之八九要发生流血、战争。战争对民众来说是无穷的灾难，可对技术智能来说并不是坏事，可能还成为某些技术发展的"催生婆"。战争中武器的使用越来越先进，从大刀、长矛，到火药、枪炮，后来发展到飞机、导弹。原子弹的出现，使一般意义上的武器发展到极致，核武器对人类的威胁决不会是一个孤立的悲剧事件，而是对整个生态环境的破坏。二战时美军在日本广岛扔原子弹的影响今日犹在。这样的灾难不一定毁灭地球上所有的生命，但很可能导致进化过程明显地倒退。迄今为止，地球上的人们尚未摆脱这一梦魇造成的阴影。核扩散不仍然在继续吗？

◆高级电脑病毒

　　还有的危险就是电脑病毒。目前的电脑病毒可能还相当于"幼年阶段"，其成年后的破坏能力是可想而知的。高级"电脑黑客"仍然是很大的威胁，并且未来的年代是许多人进行了电脑芯片的人工植入，如果植入大脑的电脑芯片感染了病毒，这个升级的人可能就会"发疯"，还不知会做出什么样的破坏行为呢。

　　再有，常规的在人或动物身体上的原先的生命基因病毒还会存在，并且有可能传染给新的智能实体，是否与电脑病毒进行交叉感染，甚至于"进化"成另类未知的"变异病毒"的可能也是存在的。

　　广袤的宇宙中存在着各个层次的生命体，不排除有人类一样的高级动物，他们可能造访地球，可能已经造访过地球无数次了，只不过由于人类的智能层次低下，无法与其交流罢了。就像蜜蜂、蚂蚁都有自己的世界（生存环境，交流沟通方式），但它们是决不会感知到有人类存在，并与其生活在同一个星球一样。同样道理，外星人来到地球，其智能层次绝对高于人类几个数量级，人类是根本发现不了他们的。许多科幻小说、杂志上报道的关于外星来客、UFO造访等等，绝大多数纯属是无稽之谈。什么外星飞船，什么苏联罗斯韦尔事件，什么外星人在地球上的基地，更有甚者还要捉个外星人来研究研究等等，几乎都是地球人无知的想象，是地球人以老大自居的奇思异想罢了。

　　如果人类不能成为地球霸主，那么人类将何去何从？

談進化的未解之謎

黑色末日——地球生命大灭绝

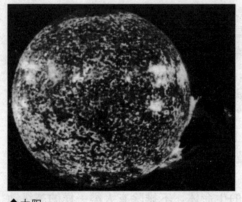

◆太阳

美国宇航局（NASA）科学家正在太空中寻找环绕太阳运转，然而，不可见的"死亡之星"。这个星体，也被叫做"复仇女神"，其体积是木星的5倍。据说，此天体可能是6500万年前造成恐龙灭绝的罪魁祸首。一些科学家猜测，它"发射"出冰冷的导弹（彗星）炮击地球，造成地球生命每2600万年就要经历一次大灭绝。

用计算机研究了5亿多年前的化石记录后，美国两位科学家发现了这样一个规律：地球上的生命从繁荣归于灭亡的周期为6200万年。而科学界普遍认为，上一次生命大灭绝是发生在6500万年前的恐龙大灭绝，按照这两位科学家的推断：地球离灭亡越来越近？

科学界普遍认为，地球生命演化史经历过五次大规模的生物灭绝，虽然具体原因众说纷纭，但可以肯定都与环境突然变化有密切关系。第一次生物大灭绝发生在距今4.4亿年前的奥陶纪末期，导致大约80％的物种灭绝。第二次生物大灭绝发生在距今约3.65亿年前的泥盆纪后期，海洋生物遭受了灭顶之灾。最严重的一次生物大灭绝发生在距今约2.5亿年的二叠纪末期，导致超过95％的地球生物灭绝。在距今2亿年前的三叠纪晚期，发生了第四次生物灭绝，爬行类动物遭遇重创。最为人熟知的一次生物大灭绝发生在6500万年前，长期统治地球的恐龙灭绝了。

关于太阳系

太阳在浩瀚的宇宙中谈不上有什么特殊性。组成银河系的有大约 2000 亿颗恒星，而太阳只是其中中等大小的一颗。太阳已有 50 亿岁，正处在它一生中的中年时期。作为太阳系的中心，地球上所有生物的生长都直接或间接地需要它所提供的光和热。太阳内核的温度高达摄氏 1500 万度，在那儿发生着核聚变反应。核聚变反应每秒钟要消耗掉约 500 万吨的物质，并转换成能量以光子的形式释放出来。这些光子从太

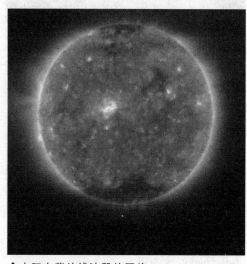

◆太阳在紫外线波段的照片

阳中心到达太阳表面要花 100 多万年。在不断的对流活动中，太阳每秒钟向宇宙空间释放着相当于 1000 亿个百万吨级核弹的能量。

 八大行星

水 星

水星距太阳 5800 万千米，是太阳系中和太阳最近的行星。水星没有卫星，它的体积在太阳系中列倒数第二位，仅比冥王星大。因为水星与太阳非常接近，所以它的白昼地表温度可高达 427℃；而到晚上又骤降至零下 173℃。

金 星

金星分别在早晨和黄昏出现在天空，古代占星家一直认为存在着两颗这样的行星，于是分别将它们称为"晨星"和"昏星"。在英语中，金星——"维纳斯"是古罗马的女神，象征着爱情与美丽。而一直以来，金星都被卷曲的云层笼罩在神秘的面纱中。

 谈进化的未解之谜

◆金星

地球——我们共同的家园

地球这颗有着广阔天空和蓝色海洋的行星始终给人以坚实巨大的感觉。而在宇宙中，这个在一层薄薄而脆弱的大气笼罩下的星球并不见得有多大。在太空中，地球的特征是明显的：漆黑的太空、蓝色海洋、棕绿色的大块陆地和白色的云层。地球是太阳的从里往外数第三颗行星，距太阳大约有15000万千米。地球每365.256天绕太阳运行一圈，每23.9345小时自转一圈。它的直径为12756千米，只比金星大了100多千米。人们梦想能在太空中旅行，能欣赏宇宙的奇观。而从某种意义上说，我们都是太空旅行者。我们的宇宙飞船是地球，飞行速度是每小时108000万千米。

火星

火星是地球的近邻。它与地球有许多相同的特征。它们都有卫星，都有移动的沙丘、大风扬起的沙尘暴，南北两极都有白色的冰冠，只不过火星的冰冠是由干冰组成的。火星每24小时37分自转一周，它的自转轴倾角是25度，与地球相差无几。

木星

木星是太阳系中最大的行星，它的体积超过地球的1000倍，质量超过太阳系中其他8颗行星质量的总和。与其他巨行星一样，木星没有固态的表面，而是覆盖着966千米厚的云层。通过望远镜观测，这些云层就像是木星上的一条条绚丽的彩带。

土星

土星直径119300千米，是太阳系第二大行星。它与邻居木星十分相像，表面也是液态氢和氦的海洋，上方同样覆盖着厚厚的云层。土星上狂风肆虐，沿东西方向的风速可超过每小时1600千米。土星上空的云层就是这些狂风造成的，云层中含有大量的结晶氨。

天王星

太阳向外的第七颗行星天王星是太阳系中的第三大行星。它的赤道半径约

26 万千米，每 84.01 地球年绕太阳公转一周，和太阳之间的平均距离是 28.7 亿千米，自转一周 17 小时 14 分。天王星至少有 22 个卫星，最大的两个是天卫三和天卫四。

海王星

海王星云层的平均温度为零下 193℃～零下 153℃，大气压约为 1～3 帕，是太阳向外的第八颗行星。按同太阳的平均距离由近及远排列为第八颗，绕太阳运转的轨道半径为 45 亿千米，公转一周要 165 年。海王星的亮度为 7.85 等，只有在望远镜里才能看到。它的赤道半径为 2.4 万千米，是地球的 3.88 倍。它的赤道半径比极半径约长 641 千米。海王星的体积约为地球体积的 57 倍，质量为地球质量的 17.22 倍，平均密度为 1.66 克/立方厘米。表面重力加速度比地球的略大，在两极为 1180 厘米/平方秒，在

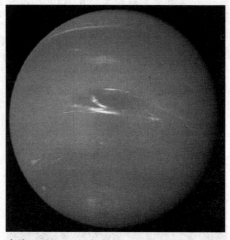

◆海王星

赤道上约为 1100 厘米/平方秒。表面上物体的逃逸速度为 23.6 千米/秒。海王星有 6 颗卫星，5 条光环。海王星于 1846 年 9 月 23 日由伽勒发现。由于海王星是一颗淡蓝色的行星，人们根据传统的行星命名法，称其为涅普顿。涅普顿是罗马神话中统治大海的海神，掌握着 1/3 的宇宙，颇有神通。

谈进化的未解之谜

知 识 窗

国际天文联合大会在 2006 年 8 月 24 日投票决定，不再将原先九大行星之一的冥王星看作行星，而将其列入"矮行星"。把冥王星除名的原因是：新的行星定义要求行星轨道附近不能有明显的"邻居"。冥王星的轨道与海王星重叠，根据新的定义，它只能算是一个矮行星。

展望——银河系

谈进化的未解之谜

在没有灯光干扰的晴朗夜晚，如果天空足够黑，你可以看到天空中有一条弥漫的光带。这条光带就是我们置身其内而侧视银河系时所看到的，它布满恒星的圆面——银盘。银河系内有约 2000 多亿颗恒星，只是由于距离太远而无法用肉眼辨认出来。由于星光与星际尘埃气体混合在一起，因此看起来就像一条烟雾笼罩着的光带。银河系的中心位于人马座附近。银河系是一个中型恒星系，它的银盘直径约为 12 万光年。

◆银河系

"复仇女神"

"复仇女神"距地球的距离约是太阳地球距离的 2.5 万倍，将近三分之一光年。天文学家认为它是红棕矮星的一种，类恒星天体，因质量不足、核心不会融合氢原子来发光发热，无法积聚足够能量，类似太阳那样发光。一颗被叫做 WISE 的热感应太空望远镜卫星正在探测复仇女神的踪迹。自 2009 年发射以来，WISE 已经从开始在太空观测。期望它可以在冷冻液用完之前，发现太阳的周围 25 光年，就在我们宇宙的门口的 1000 个棕矮星。离我们最近的正常恒星是 4.5 光年。

离"复仇女神"2 倍远的太阳系内，被很多冰体包围着，这就是奥特云。奥特云向行星推出彗星

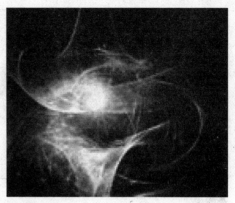

◆死亡之星

——包着冰、含尘埃和岩石的巨型雪球；而"死亡之星"的重力引力被认为是造成这些彗星冲向地球的原因。古生物学家戴维·柔坡和赛普·科普斯基发现，在过去的 2.5 亿年内，地球上的生命每 2600 万年就要经历一次大灭绝，而彗星被认为是造成地球生命大灭绝的主要原因。

科学家们研究得出的结论是，6500 万年前，因为类似的冲击，一颗小行星碰撞地球，导致恐龙灭绝，虽然"复仇女神"没有嫌疑。大多数恒星都有一到几个伴星环绕着，太阳的单身身份很特殊。能证明"复仇女神"存在的主要线索是一颗很神秘的棕矮星叫做"赛德娜"，它绕着太阳以狭长轨道运转，公转周期为12000 年。在 2003 年发现其存在的科学家迈克·布朗表示："赛德娜是一颗非常奇怪的星体，它原本不应该出现在那里。它从来没有接近太阳或者其他大行星。它在很远很远、令人难以置信的偏心轨道上。它唯一能够走上偏心轨道的原因是有个大型物体在推动。"

空中死神酸雨

对地球来说，除了太空中如"复仇女神"之类的天体对地球的撞击导致巨大灾难外，人类的活动也在慢慢侵蚀地球，比如被称为"空中死神"的酸雨。酸雨对人体健康有极大的危害、酸雨使农田土壤酸化。酸雨对针叶林、古文物保护都有危害。

目前控制酸雨的措施包括：限制高硫煤的开采与使用；重点治理火电厂二氧化硫污染；防治化工、冶金、有色金属冶炼和建材等行业生产过程

谈进化的未解之谜

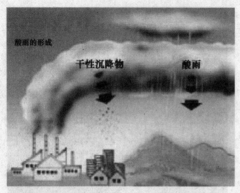

寻找解码生命的密钥

◆酸雨

中二氧化硫的排放污染。

酸雨控制的根本途径是减少酸性物质向大气的排放。目前的有效手段是：使用干净能源；发展水力发电和核电站；使用固硫的型煤；使用锅炉固硫、脱硫、除尘新技术；发展内燃机代用燃料；安装机动车尾气催化净化器；培植耐酸雨农作物和树种等。

历史趣闻

酸雨的黑色幽默

德国、波兰和捷克交界的黑三角地区（当地先以森林、后以森林被酸雨破坏而著名）的一位家庭主妇，在接待日本客人奉茶时说："我们这个地区只有几口井的井水可供饮用。我们自己也常开玩笑说，只要用井水泡蔬菜，就能够做出很好的泡菜（酯腌菜）来。"

谈进化的未解之谜

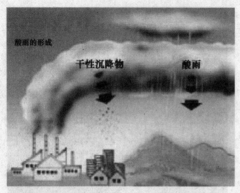
酸雨的形成　干性沉降物　酸雨

妙趣横生
——人类利用自然资源之奥秘

人类欣赏大自然的美景，赞美大自然动植物生命力之顽强。在自然选择与人工选择的双重压力下，动植物仍艰难地生存下来。它们生存下来的秘密武器是什么？聪明的人类从它们身上又得到了什么启示？大自然有什么奥秘需要我们去发现？

◆生机勃勃的大自然

我们知道，动植物之所以能在弱肉强食的生物界中顽强地生存下来，是因为它们各自有适应环境生存的本领，这也是它们在长期的进化过程中形成的特殊本领。

动植物有利于生存的本领是什么？人类从它们那里获得了什么灵感？千姿百态的大自然的奥秘需要我们去发现。

生物的生存之道

无论是在寒冷的南极还是在干旱的沙漠，在人类不能生存的地方，仍有动植物以那儿为家。因为地球上的物种丰富多彩，才使得人类有极大的思考和想象的空间。人类从大自然天然浑成、质朴无华的巢穴得到启示，想到了建立雄伟的现代大楼；从日夜奔腾不息、不以人的意志为转移的河流，想到了难以理解的地球的重力、运动的惯性力等许多道理。

也门索科特拉岛除了山顶笼罩的雾气，雨季时偶尔飘过的蒙蒙细雨之

谈进化的未解之谜

◆顽强的龙血树

外，一年内绝大部分时间干旱无雨，然而，龙血树却完全能适应这种恶劣的环境，令自己生存下来，所以龙血树被称为是地球上最具生命力的树种之一。龙血树凭什么本领生存下来？据观察，这种树可以最大限度地利用严重缺乏的水资源。它的外形像大漏斗，好像向四周撑开了一把伞，捕捉每一滴水。多刺的叶子外形又像沟槽，引导雨水顺着树枝及树干流到树根。而且，龙血树的树叶像蜡一样，可以减少水分流失，令降雨迅速流到根部。龙血树就是这样使自己在缺水的环境下生存下来的。

广角镜——植物的生存本领

植物的生存本领常常让人难以觉察而很容易忽略。新生的嫩芽、幼叶、幼果是害虫的美餐，但有些害虫一经取食便自取灭亡，因为其中潜藏着种种"秘密武器"，如蕃茄碱、茄碱、棉粉酚、生氰苷、强心苷……这些物质数量虽少，但能给害虫致命一击，被人们叫做"防卫素"；在慢慢长大的枝叶中，虽无这类防卫物质，但有时却大量积存绿原酸等特殊分泌物，具有苦涩味，使偷食的害虫一经品尝就倒了胃口，被人们叫做"拒食素"；许多绿色植物在遭受害虫攻击后可产生种种抗素，破坏病菌和害虫的生理功能，使害虫丧失生育和生存能力，例如香椿树能分泌"保幼酮"，使红椿象的卵难以成熟，幼虫"老不大"，难以蜕变成蛹和成虫，绝了后代；菊科植物遭害时能分泌"早熟烯"，使大乳草蝽的蛹未熟先衰，难以羽化成具有生育能力的成虫；有些植物还能分泌"光敏素"，害虫吃下含有光敏素的枝叶会十分怕光，无法找到栖息之地；玉米遭害时可分泌"拒产信息素"，使玉米螟不愿再上玉米枝叶产卵……

在多种草木群居的植物群体中，有些草木还能保护"邻居"不受侵害：当杨柳树遭受天幕毛虫危害时，能向周围树木发布受害信息，促进其他树木增加防卫物质的分泌量（如将辣椒和丝瓜混栽，丝瓜叶片散布的气味具有催产功能，使业已怀胎的害虫"早产"，这些早产的虫卵因先天条件不足而发育不良）。植物有利于生存的本领还有根、茎、叶、花等器官。

东非大裂谷的腐蚀性碱性池塘令很多普通动物望而却步，在它们眼中，这是一片由碱性矿物盐构成的大熔炉。但对于生活在这里的火烈鸟来说，却是它们欢乐的天堂。火烈鸟看到的是池塘里丰富的营养物，里面有美味的淡青色的"螺旋藻汤"。为了得到螺旋藻，火烈鸟必须先要过滤河水。这时，火烈鸟高度进化的喙

◆壮观的火烈鸟

就能发挥作用了。它们首先用双脚将水搅浑，不停在水中左右摇摆头部，每天用舌头过滤约合 16.56 升的水。一天即将结束的时候，火烈鸟或能够收集约合 56.7 克富含营养物的螺旋藻。火烈鸟的喙有利于在腐蚀性碱性池塘里生存。

小资料——动物的生存本领

动物的生存本领有：伪装、逃跑、装死、变色……

欺骗：一只苍鹭为觅食一条小鱼，用嘴衔着一根小羽毛，在溪岸边踱着方步，两眼不断扫视着浅浅的溪水……突然它停住脚步，有意把羽毛掉在水面上，小鱼误以为是饵料，就游近羽毛，苍鹭以闪电般的动作扑向水面，吞食了小鱼。

断下身体的一部分：壁虎、蛇、蟹、虾、水螅等用分身法迷惑对方，从而保护自己。

拟态：生活在澳洲的叶海马，形态模拟周围的物体，全身长有许多叶形突出物和丝状体，像马尾藻一样，在海里缓缓漂荡，使对手很难辨认。

仿声：生活在草丛中的红喉歌鸲和蓝喉歌鸲，具有一种特殊的本领，它们能逼真地模仿油葫芦、蟋蟀、蝼蛄、金铃子等昆虫的叫声。这些昆虫听到这惟妙惟肖的叫声，以为是同伴的呼唤，很快地被引诱出来，正中红喉歌鸲和蓝喉歌鸲的下怀，成了它们的美味佳肴。

谈进化的未解之谜

大自然给人类的启示

◆蛙眼

人类从大自然中获得灵感，发明了很多高科技。

科学家模仿昆虫制造太空机器人。澳大利亚的一个科研小组通过对几种昆虫的研究，已经研制出一个小型的导航和飞行控制装置，这种装置可以用来装备用于火星考察的小型飞行器，

人们根据蛙眼的视觉原理，已研制成功一种电子蛙眼。这种电子蛙眼能像真的蛙眼那样，准确无误地识别出特定形状的物体。把电子蛙眼装入雷达系统后，雷达抗干扰能力大大提高。这种雷达系统能快速而准确地识别出特定形状的飞机、舰船和导弹等。特别是能够区别真假导弹，防止以假乱真。电子蛙眼还广泛应用在机场及交通要道上。在机场，它能监视飞机的起飞与降落，若发现飞机将要发生碰撞，能及时发出警报。在交通要道，它能指挥车辆的行驶，防止车辆碰撞事故的发生。

鸟类的翅膀具有许多特殊功能和结构，使得它们不仅善于飞行，而且会演出许多"特技"，这些特技还是目前人类的技术难以达到的。小小的蜂鸟是鸟中的"直升机"，它既可以垂直起落，又可以退着飞，在吮吸花蜜时，它不像蜜蜂那样停落在花上，而是悬停于空中，这是多么巧妙的飞行！制造具有蜂鸟飞行特性的垂直起落飞机，已经成为许多飞机设计师梦寐以求的愿望。

根据蝙蝠超声定位器的原理，人们还仿制了盲人用的"探路仪"。这种探路仪内装一个超声波发射器，盲人带着它可以发现电杆、台阶、桥上的人等。如今，有类似作用的"超声眼镜"也已制成。

人类的发明来自大自然，生物仍在进化，我们又该怎样对待它们呢？

小小瞭望台——亿万年后的生物

曾经荒无人烟、似乎毫无生命迹象的南极洲大陆，在板块构造运动的推动下，一直向北漂移，漂到了温暖的水域。澳洲北移，与亚洲和北美洲合为一体……

海平面上升近 100 米，淹没了地势低洼的地区，一望无际的浅海覆盖了大部分的陆地。海洋植物第一次开始利用动物来帮助它们繁衍后代，就像数百万年来鲜花与昆虫之间的关系一样，进化成了生物自身独特的生存本领。

◆亿万年后历经沧桑的地球

这是人们设想 500 万年后地球外表及地球生物的情景……这节将为我们上演一首激情四射的未来生物狂想曲！

1 亿年后的地球生物

雪地漫步者

产地：北欧

特征：拥有剃刀般锋利、马刀形状的长牙，每平方厘米的咬合力可达 140 千克！说明：雪地漫步者的前身是居住在高山上的狼獾，体格强壮，生性凶猛，喜欢攻击视线内的任何动物。犬牙长达 15 厘米，在掠食过程中，锋利的长牙足以割断猎物的动脉

◆雪地漫步者

从而使之瘫软。它是冻土地带中最强大的掠食动物。白色皮毛有助于它在冻土地带中隐蔽行走，最主要的猎物是蓬毛鼠。雪地漫步者往往单独生活和行动，这使得它们进化出一套特殊的生殖机制，雌性雪地漫步者每21天排一次卵。

鹅 鲸

◆鹅鲸

产地：北欧

特征：对付企图靠近的掠食者的秘密武器是呕吐，喷射出强烈有害的不完全消化的鱼类食糜。这种迁徙到北极圈的巨型两栖鲸是由北部一种叫"plange"的捕鱼鸟进化而来的。与大多数海鸟不同，plange 利用类似精巧鱼鳍的翅膀潜到深海中去寻找小鱼类。Plange 的猎物竞争者主要是海豚和鲸鱼，但这时候海豚和鲸鱼已经灭绝。plange 渐渐地丧失了飞翔能力，翅膀进化成鱼鳍，脚进

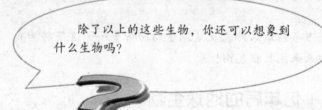

除了以上的这些生物，你还可以想象到什么生物吗？

化成"方向舵"，最终成为"鹅鲸"。它们休息时就爬上海岸，采用古代企鹅的繁殖方式，将鹅鲸蛋放置于身体和脚之间进行孵化，然而这减少了它们在躲避首要掠食者——雪地漫步者时的灵活性。它们的防御机制主要是喙，以及从眼部顶上喷射出不完全消化的有毒鱼类食糜呕吐物。

2 亿年后的地球生物

亿万年后的地球，虽然我们无法亲眼看到。但是最近，美国探索频道已为我们奏起了一首激情四射的未来狂想曲，在其网站公布了未来2亿年

泛古陆Ⅱ时代地球上可能会出现的新物种——欧帕斯鲨。

欧帕斯鲨

生活环境：全球海域

特征：一种能够发出生物光的鲨鱼，每平方厘米的咬合力可达到 2800 千克。

说明：由 21 世纪的俾格米鲨鱼进化而来。欧帕斯鲨每小时游行 40 公里，拥有强有力的牙齿和先进的捕猎、沟通技能。俾格米鲨鱼的胃部和两侧生物发光组织原本是对付掠食者的防卫机制，在它进化成全球海洋中最致命的掠食动物——欧帕斯鲨后，这套发光机制反过来变

◆欧帕斯鲨

2亿年后还会出现哪些生物呢？

成了一种捕食工具。它们必须长途游行以寻找食物，当发现食物时（通常是彩虹鱿鱼），它们就会从两侧发出一系列生物光以通报同伙，如此反复发出信号，将欧帕斯鲨召集到一块，集体捕杀猎物。

未来生物从现在地球物种进化而来

在确定了地球表面的形态和未来的气候之后，生物学家们开始设想可能出现的物种。亚历山大教授说："我们听取了很多生物学家的意见。他们中有一些是公认的某种生物群的专家，而另一些则闻名于更广泛的知识领域如生态学、生物力学、生理学等等。然而，即使具有这样深厚广阔的知识基础，我们必须承认，我们那些植根于科学的预言仍然带有不少假设的成分。"在我们这个丰富多彩的世界里，有太多的物种在各自的环境里进行微妙复杂的相互作用，因此要做长期的可靠的预测几乎是不可能的。虽然非常困难，但科学家们还是尽力保证，那些未来世界里的生物都是从

谈进化的未解之谜

现在地球上的物种进化而来的。生物学家小组提出了很多精彩的可能性，比如2亿年后居住在北方森林里的2.4米长的"大王陆鱿"，是通过一个专门研究枪乌贼的专家和一个生物力学家共同进行的计算和推测，才最终成型。

小知识

大王陆鱿，指的是陆地鱿鱼，其重量可与大象媲美，生活在森林里，植食类动物，主要以植物为食。

请想象一下大王陆鱿是什么样的。

链接——两种可靠的假设

◆波格鼠

科学家们的结论都来自一些言之有理的假设。假设之一：将来生物的组成物质与现在的生物是一样的。比如，假设将来的木头和骨头与现在的骨木一样坚固，而将来的肌肉也与现在的肌肉一样强壮。假设之二：将来动物生长或者光合作用的最大速度与现在相同。这些假设适用于科学家们进一步的计算，比如一个巨大的陆地动物是否强壮到能载负自己的重量，而一个飞行动物是否有足够的脂肪供其飞行。还有一些从已知动物总结的简单定律也帮助科学家们想象将来的生物生存。比如，一个进化生物比原来的亲缘生物重16倍，那么它每天需要的食物将多8倍，而它的成熟期也将是原来的2倍。科学家们设想的那些大型动物的生命状态基本上都是如此来推测的，其中的细节则充满奇趣。比如高原上巨大的银蜘蛛会放牧波格鼠，养肥它们，是为了献给蜘蛛女王当食物。

事实上，如果不采取措施的话，在太阳消失之前，地球上的生物就会灭绝了。据科学推测，当太阳的寿命只到达它的一半时，地球上的生物就会灭绝了。因为每个恒星都会有老中青阶段。当太阳到达老年的时候，会变成红巨星，体积和热量都会成倍增大，地球上的生物将被烤熟。但这也只是现在的推测，而从人类自身和科学发展来看，人类还有几十亿年的时间，可能真正到那时候，人类已经研究出了保护地球甚至取代太阳的东西，抑或是太空移民。

◆银蜘蛛

谈进化的未解之谜